畜禽养殖防疫消毒技术指南系列丛书

养兔防疫

消毒技术指南

庄桂玉　主编

U0349342

中国农业科学技术出版社

图书在版编目（CIP）数据

养兔防疫消毒技术指南 / 庄桂玉主编 .—北京：中国
农业科学技术出版社，2017.7
ISBN 978-7-5116-3114-5

Ⅰ . ①养…　Ⅱ . ①庄…　Ⅲ . ①兔—养殖场—防疫—指南
②兔—养猪场—消毒—指南　Ⅳ . ① S858.291-62

中国版本图书馆 CIP 数据核字（2017）第 136739 号

责任编辑　张国锋
责任校对　李向荣

出 版 者　中国农业科学技术出版社
　　　　　北京市中关村南大街 12 号　邮编：100081
电　　话　（010）82106636（编辑室）（010）82109702（发行部）
　　　　　（010）82109709（读者服务部）
传　　真　（010）82106631
网　　址　http://www.castp.cn
经 销 者　各地新华书店
印 刷 者　北京富泰印刷有限责任公司
开　　本　850mm×1 168mm　1 /32
印　　张　4.25
字　　数　120 千字
版　　次　2017 年 7 月第 1 版　2017 年 7 月第 1 次印刷
定　　价　20.00 元

◄◄◄ 版权所有·侵权必究 ►►►

编写人员名单

主　编　庄桂玉

副主编　于艳霞　张凤仁

编写人员

李连任	李少江	满维周	闫益波	李　童
于艳霞	尹绪贵	庄桂玉	郭长城	朱　琳
黄继成	徐从军	卢成合	卢纪忠	李升涛
张凤仁	侯和菊	陈起飞	李长强	杨旭华

前　言

　　近年来，在我国建设农业生态文明的新形势下，规模化养殖得到较快发展，畜禽生产方式也发生了很大的变化，给动物防疫工作提出了更新、更高的要求。同时，随着市场经济体制的不断推进，国内外动物及其产品贸易日益频繁，给各种畜禽病原微生物的污染传播创造了更多的机会和条件，加之畜禽养殖者对动物防疫及卫生消毒工作的认识普及和落实不够，传染病已成为制约畜禽养殖业前行的一个"瓶颈"，并对公众健康构成了潜在的威胁。为了有效地防控畜禽疫情，贯彻"预防为主"的方针，采取综合防控措施，就显得越来越重要。做好消毒、防疫工作可杀灭或抑制病原微生物生长繁殖，阻断疫病传播途径，净化养殖环境，从而预防和控制疫病发生。

　　为了适应畜禽生产和防疫工作的需要，笔者编写了这套《畜禽养殖防疫消毒技术指南系列丛书》。书中比较系统地介绍了消毒基础知识、消毒常用药物和养殖现场（包括环境、场地、圈舍、畜（禽）体、饲养用具、车辆、粪便及污水等的消毒技术、方法）以及畜禽疾病的免疫防控等知识。内容比较全面，基本反映了国内外有关最新科技成果，突出了怎样消毒、如何防疫，科学实用，通俗易懂，可操作性较强，可供广大养殖场、养殖专业户和畜牧兽医工作者参考。

由于作者水平有限，加之时间仓促，书中讹误之处在所难免，恳请广大读者不吝指正。

编　者
2017 年 2 月

目　录

第一章
◀◀◀ 消毒基础知识 ▶▶▶

第一节　消　毒

　　养殖业最大的杀手是疫病，尤其是传染性疫病，它可以引起大批畜禽的死亡，也可以引起动物生产性能下降，降低饲料转化率，大大增加生产成本，造成巨大经济损失，而且有些人畜共患的传染性疫病还严重威胁到人们的身体健康。而预防和控制疫病的流行，最有效的手段是免疫和消毒。免疫具有针对性，免疫苗毒株类型与疫病毒株类型相一致时，保护率相当高，是疫病防治中非常重要并且是不可缺少的一环，但疫病千变万化，毒株种类繁多，使疫苗的保护范围受到限制，而且有时疫苗的出现往往是滞后于疫病的发生，有些疫苗的使用并不完全保证疫病不产生新的变异。这时我们就需要采取另一保护范围更广、控制疫病同样非常有效的措施——消毒。

一、消毒的概念

　　消毒就是指采用物理、化学、生物学的方法，杀灭外界环境和物体上的病原微生物，主要是将传播中介中的病原微生物杀灭或清除，使传播媒介无害化。

　　动物传染疫病发生必须具备三个基本环节：传染源、传播途径、易感动物群。要控制动物传染病，必须解决好三个环节的问题：控制和消灭传染源，切断传播途径，减少易感动物。消毒从前两个环节入手，使环境中的病原微生物大大减少，并防止病原微生物从一个地方传播到另一个地方。

消毒的目的是消灭环境中的病原体，杜绝一切传染来源，阻止疫病继续蔓延，是综合性预防措施中的重要一环。应该树立正确的消毒观念：消毒胜过投药，消毒可以减少投药，投药不能代替消毒。选用好的消毒剂，做好彻底消毒工作十分重要。兔场必须制定严格的消毒规章制度，严格执行。

二、消毒的类型与方法

（一）消毒的类型

按照消毒的目的不同可以分为以下几种。

1. 预防消毒

即在平时对兔舍、兔笼、饮水器、食盆和用具等进行定期消毒，以达到预防一般传染病的目的。

2. 随时消毒

当兔场发生传染病时或个别兔发病时，为及时消灭从兔体内排出的病原体而采取的消毒措施。

3. 终末消毒

在病兔解除隔离、痊愈或死亡后或者在疫区解除锁封之前，为了消灭疫区内可能残留的病原体所进行的全面彻底的大消毒。

（二）消毒的方法

1. 物理消毒法

（1）机械性消毒　用机械性的方法如清扫、洗刷、通风等清除病原体，是最普通、常用的方法，清扫洗刷，经常清扫粪便、污物、洗刷兔笼、底板和用具。

（2）火焰消毒　用火焰喷灯喷出的火焰来消毒，通常喷灯的火焰温度达到400~800℃，可用于消毒兔笼、笼底板、产仔箱等，消毒效果好，但要注意防火。

（3）煮沸消毒　经煮沸30分钟，一般生物可被杀死，适用于医疗器械及工作服等的消毒，在水中加入少量的碱。如1%~2%的小苏打溶液、0.5%的肥皂水或氢氧化钠溶液等，可使蛋白、脂肪溶解，防止金属生锈，提高沸点，增强杀菌作用。

（4）阳光、紫外线、干燥消毒 即通过日光暴晒消毒。日光中紫外线具有良好的杀菌能力，阳光的灼热和蒸发水分引起的干燥亦有杀菌作用。家兔的巢箱、垫草、饲草等在直射阳光下照射2~3小时，可杀死大多数病原微生物。

2. 化学消毒法

常用化学药品的溶液来进行消毒。化学消毒的效果取决于许多因素，如病原体抵抗力的强弱、所处环境的情况和性质、消毒时的温度、药剂的浓度、作用时间的长短。选择化学消毒剂时，应考虑选择对该病原的消毒力强，对人、畜的毒性小，不损害被消毒的物体，易溶于水，在消毒环境中比较稳定，不易失去作用，又要价廉易得和使用方便等。

常用熏蒸消毒法、浸泡消毒法、喷雾消毒法和饮水消毒法等。

（1）熏蒸消毒法 将消毒药物加热或用化学方法，使药物产生气体，扩散至各处，密闭一定时间后，通风。如用福尔马林、过氧乙酸等熏蒸。用福尔马林熏蒸时，按每立方米空间12毫升福尔马林、6克高锰酸钾的比例配齐。将福尔马林放入金属容器中，面积较大时，多点分放，密闭所有门窗，由里向外逐个加入高锰酸钾，迅速离开，关闭门窗，密闭24小时后通风换气，至无福尔马林气味后方可进兔。

（2）浸泡消毒法 将消毒药品按比例配成消毒药液，将需消毒的笼底板等放入消毒液中，浸泡一定时间后取出，用清水洗净后晾干。

（3）喷雾消毒法 将消毒药物按规定配成一定比例，用喷雾器喷雾空间、兔笼、墙壁及兔体。

（4）饮水消毒法 将消毒药物按规定比例加入水中。

3. 生物消毒法

（1）生物热消毒 主要用于污染粪便的无害处理，兔场应该将兔粪和污物集中堆放在离兔舍较远的偏僻处，使粪便堆沤后利用粪便中的微生物发酵产热，可使粪堆的温度达70℃以上。经过一段时间。可以杀死病毒、病菌、球虫卵囊等病原体而达到消毒目的，同时又保持粪便的肥效。

（2）发酵池发酵　在兔场围墙外修建数个发酵池，大小根据养兔数量而定。池壁和池底用砖砌、水泥抹面，再用防渗水泥处理，保证其不渗水。然后将每天清扫的兔粪、污物等倒入池内，池满时在粪便表面盖一层杂草，上面盖 10 厘米厚的土，冬季发酵 1~2 个月即可作为肥料使用，夏季 2~3 周即可使用。

（3）堆积法发酵　在距离养兔场生产区 100~200 米的地方设立堆粪场，挖深 20~30 厘米、宽 100~150 厘米的浅沟、长度视兔场规模而定，先在沟底铺 20~25 厘米的秸秆，其上堆准备发酵消毒的兔粪、垫草、污物等，厚度 1~1.2 米，然后在粪堆上盖 10 厘米厚的谷草，谷草上再覆盖 10 厘米厚的土。夏季堆积 3 周左右即可发酵成功，可以作为肥料使用。

三、影响消毒效果的因素

（一）消毒剂的剂量（消毒强度和时间）

消毒剂的剂量是杀灭微生物的基本条件，它包括消毒强度和时间两方面。消毒强度在热力消毒时，是指温度高低；在化学消毒时，是指药物浓度；在紫外线消毒时，是指紫外线照射强度。强度与作用时间的乘积为剂量，一般来说，增加消毒处理强度能相应提高消毒(杀菌)的速度；而减少消毒作用时间也会使消毒效果降低。当然，如果消毒强度降低至一定程度，即使再延长时间也达不到消毒目的。在一定范围内时间与强度之间可以互相增减达到互补。为了保证消毒效果，满足所需的作用强度是非常重要的。消毒处理的剂量是杀灭微生物所需的基本条件，在实际消毒中，必须明确处理所需的强度和时间，并在操作中充分落实，否则，难以达到预期效果。

（二）温度

温度不仅是热力消毒的决定因素，对其他消毒方法亦是重要因素。除热力消毒完全依靠温度作用来杀灭微生物外，其他各种消毒方法亦都受温度变化的影响。一般来说，无论在物理消毒还是化学消毒中，温度越高效果越好，温度低时则消毒效果会受到影响。如熏蒸消毒时，在温度15℃以下时会降低消毒效果，但也有少数消毒剂受温度的影响小些。关于温度变化对消毒效果的影响程度，往往随消毒方法、药物及微生物种类不同而异，一般可用温度系数来表示。有的情况下，消毒处理本身就需要一定温度才行，因此，当温度降到极限以下时，即无法进行消毒处理。例如，环氧乙烷熏蒸，低于10.7℃时，药物本身就不能挥发成气体；紫外线照射时，灯管本身功率输出的强度也随着温度降低而减弱，有的灯管在4℃时，输出功率的强度只有27℃时的1/5~1/3。

（三）微生物污染程度

微生物污染程度越严重，消毒就越困难，原因是需要的作用时间延长、消耗的药物增加、微生物彼此重整，加强了机械保护作用，耐力强的个体随之增多等。对于污染严重的对象，消毒处理即剂量要加大。在消毒的实际工作中，规定的剂量一般都能使污染比较严重的物品达到消毒要求，并还留有一定的安全系数，除非污染特别严重，否则按规定的剂量处理即可。

（四）消毒环境的pH值

酸碱度主要影响化学消毒剂的作用。酸碱度的变化可直接影响某些消毒方法的效果。一方面是pH值对消毒剂本身的影响会降低或提高消毒剂的活性；另一方面是pH值对微生物的影响。化学消毒剂由于其化学性质的不同，而对酸碱度的要求不同，戊二醛类和季铵盐类消毒剂在碱性条件下杀菌效果好，如戊二醛在pH值由3升至8时，杀菌作用逐步增强；而酚类消毒剂、含氯消毒剂等则在酸性条件下作用强，如次氯酸盐溶液，pH值由3升至8时，杀菌作用却逐渐下降；洗必泰、季铵盐类化合物在碱性环境中杀菌作用较大。有些消毒剂可通过复方强化来改变其对酸碱度的依赖性。

（五）环境的湿度

消毒环境相对湿度对气体消毒和熏蒸消毒的影响十分明显，湿度过高或过低都会影响消毒效果，甚至导致消毒失败。室内空气甲醛熏蒸消毒的相对湿度应为80%~90%，过氧乙酸熏蒸消毒的相对湿度应为 60%~80%，小型物体环氧乙烷消毒处理的相对湿度以 40%~60% 为宜，大型物体（大于 0.15 米^3）消毒为 50%~80%。另外，紫外线在相对湿度为 60% 以下时，杀菌力较强，在 80%~90% 时，杀菌力下降 30%~40%，因为相对湿度增高会影响紫外线的穿透力。

四、制定严格的消毒制度

养兔场户必须制定严格的消毒制度，主要包括以下内容。

① 合理选择消毒方法、消毒剂，科学制定消毒计划和程序，严格按照消毒规程实施消毒，并做好人员防护。

② 生产区出入口设与门同宽，长至少 4 米，深 0.3 米以上的消毒池，各养殖栋舍出入口设置消毒池或者消毒垫。适时更换池（垫）水、池（垫）药，保持有效药液容量和浓度。

③ 生产区入口处设置更衣消毒室。所有人员必须更衣、对手进行消毒，经过消毒池和消毒室后才能进入生产区。工作服、胶鞋等要专人使用并定期清洗消毒，不得带出。

④ 进入生产区的车辆必须彻底消毒，同时应对随车人员、物品进行严格消毒。

⑤ 定期或适时对圈舍、场地、用具及周围环境（包括污水池、排粪沟、下水道出口等）进行清扫、冲洗和消毒，必要时带畜禽消毒，保持清洁卫生。同时要做好饲用器具、诊疗器械等的消毒工作。

⑥ 兔周转舍、台、磅秤及周围环境每售一批兔后大消毒 1 次。圈舍空置 1 周后方可再饲养。

⑦ 家兔发生一般性疫病或突然死亡时，应立即对所在圈舍进行局部强化消毒，规范死亡兔的消毒及无害化处理。

⑧ 所有生产资料进入生产区都必须严格执行消毒制度。

⑨ 按规定做好本场消毒记录。

第二节　常用消毒设备与器械

根据消毒方法、消毒性质不同，消毒设备也有所不同。消毒工作中，由于消毒方法的种类很多，要根据具体消毒对象的特点和消毒要求以及选择适当的消毒剂外，还要了解消毒时采用的设备是否适当，以及操作中的注意事项等。同时还需注意，无论采取哪种消毒方式，都要做好消毒人员的自身防护。

常用消毒设备可分为物理消毒设备、化学消毒设备和生物消毒设备。

一、物理消毒常用设备

物理消毒灭菌技术在动物养殖和生产中具有独特的特点和优势。物理消毒灭菌一般不改变被消毒物品的形状与原有组分，能保持饲料和食物固有的营养价值；不产生有毒有害物质残留，不会造成被消毒灭菌物品的二次污染；一般不影响被消毒物品的形状；对周围环境的影响较小。但是，大多数物理消毒灭菌技术操作往往比较复杂，需要大量的机械设备，而且成本较高。

养兔场物理消毒主要有紫外线照射、机械清扫、洗刷、通风换气、干燥、煮沸、蒸汽、火焰焚烧等。依照消毒的对象、环节等，需要配备相应的消毒设备。

（一）机械清扫、冲洗设备

机械清扫、冲洗设备主要是高压清洗机，是通过动力装置使高压柱塞泵产生高压水来冲洗物体表面的机器。它能将污垢剥离，冲走，达到清洗物体表面的目的。因为是使用高压水柱清理污垢，所以高压清洗也是世界公认最科学、经济、环保的清洁方式之一。主要用途是冲洗养殖场场地、畜禽圈舍建筑、养殖场设施设备、车辆和喷洒药剂等。

高压清洗机可分为冷水高压清洗机、热水高压清洗机、电机驱动高压清洗机和汽油机驱动高压清洗机等。前两者最大的区别在于，热水清洗机加了一个加热装置，利用燃烧缸把水加热。但是热水清洗机价格偏高且运行成本高（因为要用柴油），还是有很多专业客户会选择热水清洗机的。

1．分类

按驱动引擎来分，电机驱动高压清洗机、汽油机驱动高压清洗机和柴油驱动清洗机三大类。顾名思义，这3种清洗机都配有高压泵，不同的是它们分别采用与电机、汽油机或柴油机相连，由此驱动高压泵运作。汽油机驱动高压清洗机和柴油驱动清洗机的优势在于他们不需要电源就可以在野外作业。

按用途来分，家用、商用和工业用三大类。第一，家用高压清洗机，一般压力、流量和寿命比较短一些（一般100小时以内），追求携带轻便、移动灵活、操作简单。第二，商用高压清洗机，对参数的要求更高，且使用次数频繁，使用时间长，所以一般寿命比较长。第三，工业用高压清洗机，除了一般的要求外，往往还会有一些特殊要求，水切割就是一个很好的例子。

2．产品原理

水的冲击力大于污垢与物体表面附着力，高压水就会将污垢剥离、冲走，达到清洗物体表面的一种清洗设备。因为是使用高压水柱清理污垢，除非是很顽固的油渍才需要加入一点清洁剂，不然强力水压所产生的泡沫就足以将一般污垢带走。

3．故障排除

清洗机使用过程中，难免出现故障。出现问题时，应根据不同故障现象，仔细查找原因。

（1）喷枪不喷水　入水口、进水滤清器堵塞；喷嘴堵塞；加热螺旋管堵塞，必要时清除水垢。

（2）出水压力不稳　供水不足；管路破裂、清洁剂吸嘴未插入清洁剂中等原因造成空气吸入管路；喷嘴磨损；高压水泵密封漏水。

（3）燃烧器不点火燃烧　进风量不足，冒白烟；燃油滤清器、燃油泵、燃油喷嘴肮脏堵塞；电磁阀损坏；点火电极位置变化，火花太弱；高压点火线圈损坏；压力开关损害。

高温高压清洗机出现以上问题，用户可自己查找原因，排除故障。但清洗机若出现泵体漏水、曲轴箱漏油等比较严重的故障时，应将清洗机送到配件齐全、技术力量较强的专业维修部门修理，以免造成不必要的经济损失。

4. 保养方法

每次操作之后，冲洗接入清洁剂的软管和过滤器，去除任何洗涤剂的残留物以助于防止腐蚀；关闭连接到高压清洗机上的供水系统；扣动伺服喷枪杆上的扳机可以将软管里全部压力释放掉；从高压清洗机上卸下橡胶软管和高压软管；切断火花塞的连接导线以确保发动机不会启动（适用于发动机型）。

（1）电动型　将电源开关转到"开"和"关"的位置4~5次，每次1~3秒，以清除泵里的水。这一步骤将有助于保护泵免受损坏。

（2）发动机型　缓慢地拉动发动机的启动绳5次来清除泵里的水。这一步骤将有助于保护泵免受损坏。

（3）定期维护　每2个月维护一次。燃料的沉淀物会导致对燃料管道、燃料过滤器和化油器的损坏，定期从贮油箱里清除燃料沉淀物将延长发动机的使用寿命和性能；泵的防护套间是特别用来保护高压清洗机防止受腐蚀，过早磨损和冻结等，当不使用高压清洗机时，要用防护套件来保护高压清洗机，并且要给阀和密封圈涂上润滑剂，防止它们卡住。

对电动型，关闭高压清洗机；将高压软管和喷枪杆与泵断开连接；将阀接在泵防护罐上并打开阀；启动打开清洗机；将罐中所有物质吸入泵里；关闭清洗机；高压清洗机可以直接贮存。

对发动机型，关闭高压清洗机；将高压软管和喷枪杆与泵断开连接；将阀接在泵防护罐上并打开阀；点火，拉动启动绳；将罐中所有物质吸入泵里；高压清洗机可以直接贮存。

（4）注意事项　当操作高压清洗机时：始终需戴适当的护目镜、手套和面具；始终保持手和脚不接触清洗喷嘴；经常要检查所有的电接头；经常检查所有的液体；经常检查软管是否有裂缝和泄漏处；

当未使用喷枪时，总是需将设置扳机处于安全锁定状态；总是尽可能地使用最低压力来工作，但这个压力要能足以完成工作；在断开软管连接之前，总是要先释放掉清洗机里的压力；每次使用后总是要排干净软管里的水；绝不要将喷枪对着自己或其他人；在检查所有软管接头都已在原位锁定之前，绝不要启动设备；在接通供应水并让适当的水流过喷枪杆之前，绝不要启动设备。然后将所需要的清洗喷嘴连接到喷枪杆上。

注意，不要让高压清洗机在运转过程中处于无人监管的状态。每次当你释放扳机时泵将运转在旁路模式下。如果一个泵已经在旁路模式下运转了较长时间后，泵里循环水的过高温度将缩短泵的使用寿命甚至损坏泵。所以，应避免使设备长时间运行在旁路模式。

（二）紫外线灯

紫外线是一种低能量电磁波，具有较好的杀菌作用。几种化学消毒剂灭活微生物需要较长的时间，而紫外线消毒仅需几秒钟即可达到同样的灭活效果，而且运行操作简便，其基建投资及运行费用也低于其他几种化学消毒方法，因此被广泛应用于畜禽养殖场消毒。

1. 紫外线的消毒原理

利用紫外线照射，使菌体蛋白发生光解、变性，菌体的氨基酸、核酸、酶遭到破坏死亡。同时紫外线通过空气时，使空气中的氧电离产生臭氧，加强了杀菌作用。

2. 紫外线的消毒方法

紫外线多用于空气及物体表面的消毒，波长2573埃（1埃=10^{-10}米）。用于空气消毒，有效距离不超过2米，照射时间30~60分钟；用于物品消毒，有效距离在25~60厘米，照射时间20~30分钟，从灯亮5~7分钟开始计时（灯亮需要预热一定时间，才能使空气中的氧电离产生臭氧）。

3. 紫外线的消毒措施

① 对空气消毒均采用的是紫外线照射，因此首先必须保证灯管的完好无损和正确使用，保持灯管洁净。灯管表面每隔1~2周应用酒精棉球轻拭一次，除去灰尘和油垢，以减少影响紫外线穿透

力的因素。

②灯管要轻拿轻放，关灯后立即开灯，则会减少灯管寿命，应冷却 3~4 分钟后再开，可以连续使用 4 小时，但通风散热要好，以保持灯管寿命。

③应随时保持消毒室的清洁干燥，每天用消毒液浸泡后的专用抹布擦拭消毒室，用专用拖布拖地。

④规范紫外线灯日常监测登记项目，必须做到分室、分盏进行登记，登记本中设灯管启用日期、每天消毒时间、累计时间、执行者签名、强度监测登记，要求消毒后认真记录，使执行与记录保持一致。

⑤空气消毒时，打开所有的柜门、抽屉等，以保证消毒室所有的空间充分暴露，都得到紫外线的照射，消毒尽量无死角。

⑥在进行紫外线消毒的时候，还要注意保护好眼睛和皮肤，因为紫外线会损伤角膜和皮肤的上皮。在进行紫外线消毒的时候，最好不要进入正在消毒的房间。如果必须进入，最好戴上防紫外线的护目镜。

4.使用紫外线消毒灯应注意事项

养殖场运用紫外灯消毒可用于对工作服、鞋、帽和出入人员的消毒，以及不便于用化学消毒药消毒的物品。人员进场采取紫外线消毒时，消毒时间不能过长，以每次消毒 5 分钟为宜。不能让紫外线直接长期照射人的体表和眼睛。

（三）干热灭菌设备

干热灭菌法是热力消毒和灭菌常用的方法之一，它包括焚烧、烧灼和热空气法。

焚烧是用于传染病畜禽尸体、病畜垫草、病料以及污染的杂草、地面等的灭菌，可直接点燃或在炉内焚烧；烧灼是直接用火焰进行灭菌，适用于微生物实验室的接种针、接种环、试管口、玻璃片等耐热器材的灭菌；热空气法是利用干热空气进行灭菌，主要用于各种耐热玻璃器皿，如试管、吸管、烧瓶及培养皿等实验器材的灭菌。这种灭菌法是在一种特制的电热干燥器内进行的。由于干热的穿透力低，因此，箱内温度上升到160℃后，保持2小时才可保证杀死所有的细菌及其芽孢。

1. 干热灭菌器

（1）构造　干热灭菌器也就是烤箱，是由双层铁板制成的方形金属箱，外壁内层装有隔热的石棉板。箱底下放置大型火炉，或在箱壁中装置电热线圈。内壁上有数个孔，供流通空气用。箱前有铁门及玻璃门，箱内有金属箱板架数层。电热烤箱的前下方装有温度调节器，可以保持所需的温度。

（2）干热灭菌器的使用方法　将培养皿、吸管、试管等玻璃器材包装后放入箱内，闭门加热。当温度上升至160~170℃时，保持温度2小时，到达时间后，停止加热，待温度自然下降至40℃以下，方可开门取物，否则冷空气突然进入，易引起玻璃炸裂；且热空气外溢，往往会灼伤取物者的皮肤。一般吸管、试管、培养皿、凡士林、液体石蜡等均可用本法灭菌。

2. 火焰灭菌设备

火焰灭菌法是指用火焰直接烧灼的灭菌方法。该方法灭菌迅速、可靠、简便，适合于耐火焰材料（如金属、玻璃及瓷器等）物品与用具的灭菌，不适合药品的灭菌。

所用的设备包括火焰专用型和喷雾火焰兼用型两种。专用型特点是使用轻便，适用于大型机种无法操作的地方；便于携带，适用于室内外和小、中型面积处，方便快捷；操作容易，打气、按电门，即可发动，按气门钮，即可停止；全部采用不锈钢材料，机件坚固耐用。兼用型除上述特点外，还具有以下特点：一是节省药剂，可根据被使用的场所和目的不同，用旋转式药剂开关来调节药量；二是节省人工费，用1台烟雾消毒器能达到10台手压式喷雾器的作业效率；三是消毒彻底，消毒器喷出的直径5~30微米的小粒子形成雾状浸透在每个角落，可达到最大的消毒效果。

（四）湿热灭菌设备

湿热灭菌法是热力消毒和灭菌的一种常用方法，包括煮沸消毒法、流通蒸汽消毒法和高压蒸汽灭菌法。

1.消毒锅

消毒锅用于煮沸消毒,适用于一般器械如刀剪、注射器等金属和玻璃制品及棉织品等的消毒。这种方法简单、实用、杀菌能力比较强,效果可靠,是最古老的消毒方法之一。消毒锅一般使用金属容器,煮沸消毒时要求水沸腾后5~15分钟,一般水温能达到100℃,细菌繁殖体、真菌、病毒等可立即死亡。而细菌芽孢需要的时间比较长,要15~30分钟,有的要几个小时才能杀灭。

煮沸消毒时,要注意以下几个问题。

① 煮沸消毒前,应将物品洗净。易损坏的物品用纱布包好再放入水中,以免沸腾时互相碰撞。不透水物品应垂直放置,以利水的对流。水面应高于物品。消毒器应加盖。

② 消毒时,应自水沸腾后开始计算时间,一般需15~20分钟(各种器械煮沸消毒时间见表1–1)。对注射器或手术器械灭菌时,应煮沸30~40分钟。加入2%碳酸钠,可防锈,并可提高沸点(水中加入1%碳酸钠,沸点可达105℃),加速微生物死亡。

表1–1 各种器械煮沸消毒参考时间

消毒对象	消毒参考时间(分钟)
玻璃类器材	20~30
橡胶类及电木类器材	5~10
金属类及搪瓷类器材	5~15
接触过传染病料的器材	>30

③ 对棉织品煮沸消毒时,一次放置的物品不宜过多。煮沸时应略加搅拌,以助水的对流。物品加入较多时,煮沸时间应延长到30分钟以上。

④ 消毒时,物品间勿贮留气泡;勿放入能增加黏稠度的物质。消毒过程中,水应保持连续煮沸,中途不得加入新的污染物品,否则消毒时间应从水再次沸腾后重新计算。

⑤ 消毒时,物品因无外包装,事后取出和放置时慎防再污染。

对已灭菌的无包装医疗器材，取用和保存时应严格按无菌操作要求进行。

2.高压蒸汽灭菌器

（1）高压蒸汽灭菌器的结构　高压蒸汽灭菌器是一个双层的金属圆筒，两层之间盛水，外层坚固厚实，其上方有金属厚盖，盖旁附有螺旋，借以紧闭盖门，使蒸汽不能外溢，因而蒸汽压力升高，随着其温度亦相应地增高。

高压蒸汽灭菌器上装有排气阀门、安全活塞，以调节蒸汽压力。有温度计及压力表，以表示内部的温度和压力。灭菌器内装有带孔的金属搁板，用以放置要灭菌物体。

（2）高压蒸汽灭菌器的使用方法　加水至外筒内，被灭菌物品放入内筒。盖上灭菌器盖，拧紧螺旋使之密闭。灭菌器下用煤气或电炉等加热，同时打开排气阀门，排净其中冷空气，否则压力表上所示压力并非全部是蒸汽压力，灭菌将不完全。

待冷空气全部排出后（即水蒸气从排气阀中连续排出时），关闭排气阀。继续加热，待压力表渐渐升至所需压力时（一般是101.53千帕，温度为121.3℃），调解炉火，保持压力和温度（注意压力不要过大，以免发生意外），维持15~30分钟。灭菌时间到达后，停止加热，待压力降至零时，慢慢打开排气阀，排出余气，开盖取物。切不可在压力尚未降低为零时突然打开排气阀门，以免灭菌器中液体喷出。

高压蒸汽灭菌法为湿热灭菌法，其优点有三：一湿热灭菌时菌体蛋白容易变性，二湿热穿透力强，三蒸气变成水时可放出大量热增强杀菌效果，因此，它是效果最好的灭菌方法。凡耐高温和潮湿的物品，如培养基、生理盐水、衣服、纱布、棉花、敷料、玻璃器材、传染性污物等都可应用本法灭菌。

目前出现的便携式全自动电热高压蒸汽灭菌器，操作简单，使用安全。

3.流通蒸汽灭菌器

流通蒸汽消毒设备的种类很多,比较理想的是流通蒸汽灭菌器。

流通蒸汽灭菌器由蒸汽发生器、蒸汽回流、消毒室和支架等构成。蒸汽由底部进入消毒室，经回流罩再返回到蒸汽发生器内，这种蒸汽消耗少，只需维持较小火力即可。

流通蒸汽消毒时，消毒时间应从水沸腾后有蒸汽冒出时算起，消毒时间同煮沸法，消毒物品包装不宜过大、过紧，吸水物品不要浸湿后放入；因在常压下，蒸汽温度只能达到100℃，维持30分钟只能杀死细菌的繁殖体，但不能杀死细菌芽孢和霉菌孢子，所以有时必须使用间歇灭菌法，即用蒸汽灭菌器或用蒸笼加热至约100℃维持30分钟，每天进行1次，连续3天。每天消毒完后都必须将被灭菌的物品取出放在室温或37℃温箱中过夜，提供芽孢发芽所需的条件。对不具备芽孢发芽条件的物品不能用此法灭菌。

（五）除菌滤器

除菌滤器简称滤菌器。种类很多，孔径非常小，能阻挡细菌通过。它们可用陶瓷、硅藻土、石棉或玻璃屑等制成。

1.滤菌器构造

（1）赛氏滤菌器　由3部分组成。上部的金属圆筒，用以盛装将要滤过的液体；下部的金属托盘及漏斗，用以接收滤出的液体；上下两部分中间放石棉滤板，滤板按孔径大小可分为3种：K滤孔最大，供澄清液体之用；EK滤孔较小，供滤过除菌；EK-S滤孔更小，可阻止一部分较大的病毒通过。滤板依靠侧面附带的紧固螺旋拧紧固定。

（2）玻璃滤菌器　由玻璃制成。滤板采用细玻璃砂在一定高温下加压制成。孔径由0.15~250微米不等，分为G1、G2、G3、G4、G5、G6六种规格，后两种规格均能阻挡细菌通过。

（3）薄膜滤菌器　由塑料制成。滤菌器薄膜采用优质纤维滤纸，用一定工艺加压制成。孔径：200纳米，能阻挡细菌通过。

2.滤菌器用法

将清洁的滤菌器（赛氏滤菌器和薄膜滤菌器须先将石棉板或滤菌薄膜放好，拧牢螺旋）和滤瓶分别用纸或布包装好，用高压蒸汽灭菌器灭菌。再以无菌操作把滤菌器与滤瓶装好，并使滤瓶的侧管与缓冲瓶相连，再使缓冲瓶与抽气机相连。将待滤液体倒入滤菌器内，开动抽气机使滤瓶中压力减低，滤液则徐徐流入滤瓶中。滤毕，迅速按无菌操作将滤瓶中的滤液放到无菌容器内保存。滤器经高压灭菌后，洗净备用。

3.滤菌器用途

用于除去混杂在不耐热液体（如血清、腹水、糖溶液、某些药物等）中的细菌。

（六）电子消毒器

1.电离辐射

电离辐射是利用了射线、伦琴射线或电子辐射能穿透物品，杀死其中微生物的低温灭菌方法，统称为电离辐射。电离辐射是低温灭菌，不发生热的交换、压力差别和扩散层干扰，所以，适用于怕热的灭菌物品，具有优于化学消毒、热力消毒等其他消毒灭菌方法的许多优点，也是在养殖业应用广泛的消毒灭菌方法。因此，早在20世纪50年代国外就开始应用，我国起步较晚，但随着国民经济的发展和科学技术的进步，电离辐射灭菌技术在我国制药、食品、医疗器械及海关检验等各领域广泛应用，并将越来越受到各行各业的重视，特别是在养殖业的饲料消毒灭菌和肉蛋成品的消毒灭菌应用日益广泛。

2.等离子体消毒灭菌技术与设备

等离子消毒灭菌技术是新一代的高科技灭菌技术，它能克服现有灭菌方法的一些局限性和不足之处，提高消毒灭菌效果。

在实际工作中，由于没有天然的等离子存在，需要人为发生，所以必须要有等离子体发生装置，即等离子发生器，它可以通过气体放电法、射线辐照法、光电离法、激光辐射法、热电离法、激波法等，使中性气体分子在强电磁场的作用下，引起碰撞解离，进而热能离子和分子相互作用，部分电子进一步获得能量，使大量原子电离，从而形成等离子体。

等离子体有很强的杀灭微生物的能力，可以杀灭各种细菌繁殖体和芽孢、病毒，也可有效地破坏致热物质。如果将某些消毒剂气化后加入等离子体腔内，可以大大增强等离子体的杀菌效果。等离子体灭菌的温度低，在室温状态下即可对处理的物品进行灭菌，因此可以对不适于高温、高压消毒的材料和物品进行灭菌处理，如塑胶、光纤、人工晶体及光学玻璃材料、不适合用微波法处理的金属物品，以及不易达到消毒效果的缝隙角落等地方，采用等离子消毒灭菌技术，能在低温下很好地达到消毒灭菌处理而不会对被处理物品造成损坏。等离子消毒灭菌技术灭菌过程短且无毒性，通常在几十分钟内即可完成灭菌消毒过程，克服了蒸汽、化学或核辐射等方法使用中的不足；切断电源后产生的各种活性粒子能够在几十毫秒内消失，所以无需通风，不会对操作人员造成伤害，安全可靠；此外，等离子体灭菌还有操作简单安全、经济实用、灭菌效果好、无环境污染等优点。

等离子体消毒灭菌作为一种新发展起来的消毒方法，在应用中也存在一些需要注意的地方。如，等离子体中的某些成分对人体是有害的，如 β 射线、γ 射线、强紫外光子等都可以引起生物体的损伤，因此在进行等离子体消毒时，要采用一定的防护措施并严格执行操作规程。此外，在进行等离子体消毒时，大部分气体都不会形成有毒物质，如氧气、氮气、氩气等都没有任何毒性物质残留，但氯气、溴、碘的蒸汽会产生对人体有害的气体残留，使用时要注意防范。

等离子体灭菌优点很多，但等离子体穿透力差，对体积大、需要内部消毒的物品消毒效果较差；设备制造难度大，成本费用高；而且许多技术还是不够完善，有待进一步研究。

二、化学消毒常用设备

（一）喷雾器

喷洒消毒、喷雾免疫时常用的是喷雾器。喷雾器有背负式喷雾器和机动喷雾器。背负式喷雾器又有压杆式喷雾器和充电式喷雾器，使用于小面积环境消毒和带兔消毒。机动喷雾器按其所使用的动力来划分，主要有电动（交流电或直流电）和气动两种，每种又有不同的型号，适用于兔舍外环境和空舍消毒，在实际应用时要根据具体情况选择合适的喷雾器。

1. 喷雾器使用注意事项

（1）喷雾器消毒　固体消毒剂有残渣或溶化不全时，容易堵塞喷嘴，因此不能直接在喷雾器的容器内配制消毒剂，而是在其他容器内配制好了以后经喷雾器的过滤网装入喷雾器的容器内。压杆式喷雾器容器内药液不能装得太满，否则不易打气。配制消毒剂的水温不宜太高，否则易使喷雾器的塑料桶身变形，而且喷雾时不顺畅。使用完毕，将剩余药液倒出，用清水冲洗干净，倒置，打开一些零部件，等晾干后再装起来。

（2）喷雾器免疫　喷雾器免疫是利用气泵将空气压缩，然后通过气雾发生器使稀释疫苗形成一定大小的雾化粒子，均匀地悬浮于空气中，随呼吸进入家畜体内。要求喷出的雾滴大小符合要求，而且均一，80% 以上的雾滴大小应在要求范围内。喷雾过程中要注意喷雾质量，发现问题或喷雾器出现故障，应立即停止操作，并按使用说明书操作。进行完后，要用清水洗喷雾器，让喷雾器充分干燥后，包装保存好。注意防止腐蚀，不要用去污剂或消毒剂清洗容器内部。

免疫时较合适的温度是 15~25℃，温度再低些也可进行，但一般不要在环境温度低于 4℃ 的情况下进行。如果环境温度高于 25℃ 时，雾滴会迅速蒸发而不能进入兔的呼吸道。如果要在高于 25℃ 的环境中使用喷雾器进行免疫，则可以先在兔舍内喷水提高舍内空气的相对湿度后再进行。

喷雾时，房舍应密闭，关闭门、窗和通风口，减少空气流动。在喷雾完后 15~20 分钟再开启门窗。如选用直径为 59 微米以下的喷雾器时，喷雾枪口应在兔头上方约 30 厘米处喷射，使兔体周围形成良好的雾化区，并且雾滴粒子不立即沉降而可在空间悬浮适当时间。

2. 常见故障排除

喷雾器在日常使用过程中总会遇到喷雾效果不好，开关漏水或拧不动，连接部位漏水等等故障，应正确排除。

（1）喷雾压力不足导致雾化不良　如果在喷雾时出现扳动摇杆15次以上，桶内气压还没有达到工作气压，使用者应首先检查进水球阀是否被杂物搁起，导致气压不足而影响了雾化效果。可将进水阀拆下，如果有，则应用抹布擦拭干净；如果喷雾压力依然不足，则应检查气室内皮碗有无破损，如有破损，则需更换新皮碗；若因连接部位密封圈未安装或破损导致漏气，则应加装或更换密封圈。

（2）药液喷不成雾　喷头体的斜孔被污物堵塞是导致喷不成雾的最常见因素之一，可以将喷头拆下，从喷孔反向吹气，将堵塞污物清除即可；若因喷孔堵塞则可拆开清洗喷孔，但不可使用铁丝等硬物捅喷孔，防止孔眼扩大，影响喷雾质量；若因套管内滤网堵塞或过水阀小球被污物搁起，应清洗滤网及清洗搁起小球的污物。

（3）开关漏水或拧不动　若因开关帽未拧紧，应旋紧开关帽；若因开关芯上的垫圈磨损造成的漏水，应更换垫圈。开关拧不动多是因为放置较久，开关芯被药剂侵蚀而粘住，应将开关放在煤油或柴油中浸泡一段时间，然后拆下清洗干净即可。

（4）连接部位漏水　若因接头松动，应旋紧螺母；若因垫圈未放平或破损，应将垫圈放平，或更换垫圈。

（二）气雾免疫机

气雾免疫机是一种多功能设备，可用于疫苗免疫，也可用于微雾消毒、气雾施药、降温等。

1. 适用范围

可用于畜禽养殖业的疫苗免疫，微雾消毒、施药和降温，养殖场所环境卫生消毒。

2. 类型

气雾免疫机的种类有很多，有手提式、推车式和固定式。

3. 特点

① 直流电源动力，使用方便。

② 免疫速度快，20分钟可完成万只兔的免疫。

③ 多重功能，即免疫、消毒、降温、施药等功能于一身。

④ 压缩空气喷雾，雾粒均匀，直径在 20~100 微米，且可调，适用于不同兔龄免疫。

⑤ 低噪声。

⑥ 机械免疫、施药，省时、省力、省人工。

⑦ 免疫应激小，安全系数高。

4. 注意事项

① 雾化粒子的大小要适中，在喷雾前可以用定量的水试喷，掌握好最佳的喷雾速度、喷雾流量和雾化粒子大小。

② 在有慢呼吸道等疾病的兔群中应慎用气雾免疫。

③ 注意稀释疫苗用水要洁净，建议选用纯净水，这样就可以避免水质酸碱度与矿物质元素对药物的干扰与破坏，避免了药物的地区性效果差异，冲破了地域局限性。

（三）消毒液机和次氯酸钠发生器

1. 用途

消毒液机可以现用现制快速生产复合消毒液，适用于畜禽养殖场、屠宰场、运输车船、人员防护消毒，以及发生疫情的病原污染区的大面积消毒。消毒液机使用的原料只是食盐、水、电，操作简单，具有短时间内就可以生产出大量消毒液的能力。另外，用消毒液机电解生产的含氯消毒剂是一种无毒低刺激的高效消毒剂，不仅适用于环境消毒、带畜禽消毒，还可用于食品消毒、饮用水消毒，以及洗手消毒等防疫人员进行的自身消毒防护，对环境造成的污染很小。消毒液机的这些特点对需要进行完全彻底的防疫消毒，对人畜共患病疫区的综合性消毒防控，对减少运输、仓储、供应等环节的意外防疫漏洞具有特殊的使用优势。

2. 分类

因其科技含量不同，可分为消毒液机和次氯酸钠发生器两类。它们都是以电解食盐水来生产消毒药的设备。两类产品的显著区别在于次氯酸钠发生器是采用直流电解技术来生产次氯酸钠消毒药，消毒液机在次氯酸钠发生器的基础上采用了更为先进的电解模式 BIVT 技术，生产次氯酸钠、二氧化氯复合消毒剂。其中二氧化氯高效、广谱、安全，且持续时间长，世界卫生组织1948年就将其列为AI级安全消毒剂。次氯酸钠、二氧化氯形成了协同杀菌作用，从而具有更高的杀菌效果。

3. 使用方法

（1）电解液的配制　称取食盐500克，一般以食用精盐为好，加碘或不加碘盐均可，放入电解桶中，向电解桶中加入8千克清水（在电解桶中有8千克水刻度线），用搅拌棒搅拌，使盐充分溶解。

（2）制药　确认上述步骤已经完成好，把电极放入电解桶中，打开电源开关，按动选择按钮，选择工作岗位，此时电极板周围产生大量气泡，开始自动计时，工作结束后机器自动关机并发声音报警。

（3）灌装消毒药　用事先准备好的容器把消毒液倒出，贴上标签，加盖后存放。

4. 使用注意事项

（1）设备保护装置　优质的消毒液机采用高科技技术设计了微电脑智能保护装置，当操作不正常或发生意外时会自我保护，此时用户可排除故障后重新操作。

（2）定期清洗电极　由于使用的水硬度不同，使用一段时间后，在电解电极上会产生很多水垢，应使用生产公司提供或指定的清洗剂清洗电极，一般15天清洗一次。

（3）防止水进入电器仓　添加盐水或清洗电极时，不要让水进入电器仓，以免损坏电器。

（4）消毒液机的放置　应在避光、干燥、清洁处，和所有电器一样，长期处于潮湿的空气中对电路板会有不利影响，从而降低整机的使用寿命。

（5）消毒液机性能的检测　在用户使用消毒液机一段时间后，可以对消毒液机的工作性能进行检测。检测时一是通过厂家提供的试纸进行测试，测出原液有效氯浓度；二是找检测单位按照"碘量法"对消毒液的有效氯进行测定，可更精确地测出有效氯含量，建议用户每年定期检测一次。

（四）臭氧空气消毒机

臭氧是一种强氧化杀菌剂，消毒时呈弥漫扩散方式，消毒彻底，无死角，消毒效果好。臭氧稳定性极差，常温下30分钟后可自行分解。因此，消毒后无残留毒性，是公认的洁净消毒剂。

1. 产品用途

主要用于养殖场的兽医室、大门口消毒室的环境空气消毒和生产车间的空气消毒。如屠宰行业的生产车间、畜禽产品的加工车间及其他洁净区的消毒。

2. 工作原理

臭氧空气消毒机是采用脉冲高压放电技术，将空气中一定量的氧电离分解后形成臭氧，并配合先进的控制系统组成的新型消毒器械。其主要结构包括臭氧发生器、专用配套电源、风机和控制器等部分，一般规格为3、5、10、20、30和50克/小时。它以空气为气源，利用风机使空气通过发生器，并在发生器内的间隙放电过程中产生臭氧。

3. 优点

① 臭氧发生器采用了板式稳电极系统，使之不受带电粒子的轰击、腐蚀。

② 介电体采用的是含有特殊成分的陶瓷，它的抗腐蚀性强，可以在比较潮湿和不太洁净的环境条件下工作，对室内空气中的自然菌灭杀率达到90%以上。

臭氧消毒为气相消毒，与直线照射的紫外线消毒相比，不存在死角。由于臭氧极不稳定，其发生量及时间，要看所消毒的空间内各类器械物品所占空间的比例及当时的环境温度和相对湿度而定。根据需要消毒的空气容积，选择适当的型号和消毒时间。

三、生物消毒设备

（一）具有消毒功能的生物

具有消毒的生物种类很多，如植物和细菌等微生物及其代谢产物，以及噬菌体、质粒、小型动物和生物酶等。

1.抗菌生物

植物为了保护自身免受外界的侵袭,特别是微生物的侵袭,可以产生抗菌物质,并且随着植物的进化,这些抗菌物质就越来越局限在植物的个别器官或器官的个别部位。能抵制或杀灭微生物的植物叫抗菌植物药。目前,实验已证实具有抗菌作用的植物有130多种,抗真菌的有50多种,抗病毒的有20多种。有的既有抗菌作用,又有抗真菌和抗病毒作用。中草药消毒剂大多是采用多种中草药提取物,主要用于空气消毒、皮肤黏膜消毒等。

2.细菌

当前用于消毒的细菌主要是噬菌蛭弧菌。它可裂解多种细菌,如霍乱弧菌、大肠杆菌、沙门氏菌等,用于水的消毒处理。此外,梭状芽孢菌、类杆菌属中某些细菌,可用于污水、污泥的净化处理。

3.噬菌体和质粒

一些广谱噬菌体,可裂解多种细菌,但一种噬菌体只能感染一个种属的细菌,对大多数细菌不具有专业性吸附能力,这使噬菌体在消毒方面的应用受到很大限制。细菌质粒中有一类能产生细菌素,细菌素是一类具有杀菌作用的蛋白质,大多为单纯蛋白,有些含有蛋白质和碳水化合物,对微生物有杀灭作用。

4.微生物代谢等产物

一些真菌和细菌的代谢产物如毒素,具有抗菌或抗病毒作用,亦可用作消毒或防腐。

5.生物酶

生物酶来源于动植物组织提取物或其分泌物、微生物体自溶物及其代谢产物中的酶活性物质。生物酶在消毒中的应用研究源于20世纪70年代,我国在这方面的研究走在世界前列。20世纪80年代起,我国就研制出用溶葡萄菌酶来消毒杀菌技术。近年来,对酶的杀菌应用取得了突破,可用于杀菌的酶主要有细菌胞壁溶解酶、酵母胞壁溶解酶、霉菌胞壁溶解酶、溶葡萄菌酶等,可用来消毒污染物品。此外,市场上也出现了溶菌酶、化学修饰溶菌酶及人工合成肽抗菌剂等。

总体而言，绿色环保的生物消毒技术在水处理领域的应用前景广阔，研究表明生物消毒技术可以在很多领域发挥作用，如用于饮用水消毒、污水消毒、海水消毒和用于控制微生物污染的工业循环水及中水回用等领域。生物消毒技术虽然目前还没有广泛应用，但是作为一种符合人类社会可持续发展理念的绿色环保型的水处理消毒技术，它具有成本相对低廉、理论相对成熟、研究方法相对简单的优势，故应用前景广阔。

（二）生物消毒的应用

由于生物消毒的过程缓慢，消毒可靠性比较差，对细菌芽孢也没有杀灭作用，因此生物消毒技术不能达到彻底无害化。有关生物消毒的应用，有些在动物排泄物与污染物的消毒处理、自然水处理、污水污泥净化中广泛应用；有些在农牧业防控疾病等方面进行了实验性应用。

1. 生物热发酵堆肥

堆肥法是在人为控制堆肥因素的条件下，根据各种堆肥原料的营养成分和堆肥工程中微生物对混合堆肥中碳氧化、碳磷比、颗粒大小、水分含量和 pH 值等的要求，将计划中的各种堆肥材料按一定比例混合堆积，在合适的水分、通气条件下，使微生物繁殖并降解有机质，从而产生高温，杀死其中的病原菌及杂草种子，使有机物达到稳定，最终形成良好的有机复合肥。

目前常用的堆肥技术有很多种，分类也很复杂。按照有无发酵装置可分为无发酵仓堆肥系统和发酵仓堆肥系统。

（1）无发酵仓系统　主要有条垛式堆肥和通气静态垛系统。

条垛式堆肥是将原料简单堆积成窄长垛型，在好氧条件下进行分解，垛的断面常常是梯形、不规则四边形或三角形。条垛式堆肥的特点是通过定期翻堆来实现堆体中的有氧状态，使用机械或人工进行翻堆的方式进行通风。条垛式堆肥的优点是所需设备简单，投资成本较低，堆肥容易干燥，条垛式堆肥产品腐熟度高，稳定性好。缺点是占地面积大，腐熟周期长，需要大量的翻堆机械和人力。

与条垛式堆肥相比，通气静态垛系统是通过风机和埋在地下的通风管道进行强制通风供氧的系统。它能更有效地确保达到高温，杀死病原微生物和寄生虫（卵）。该系统的优点是设备投资低，能更好地控制温度和通气情况，堆肥时间较短，一般2~3周。缺点是由于在露天进行，容易受气候条件的影响。

（2）发酵仓系统　是使物料在部分或全部封闭的容器内，控制通风和水分条件，使物料进行生物降解和转化。该系统的优点是堆肥系统不受气候条件的影响；能够对废气进行统一的收集处理，防止环境二次污染，而且占地面积小，空间限制少；能得到高质量的堆肥产品。缺点是由于堆肥时间短，产品会有潜在的不稳定性。而且还需高额的投资，包括堆肥设备的投资、运行费用及维护费用。

2. 沼气发酵

沼气发酵又称厌氧消化，是在厌氧环境中微生物分解有机物最终生产沼气的过程，其产品是沼气和发酵残留物（有机肥）。沼气发酵是生物质能转化最重要的技术之一，它不仅能有效处理有机废物，降低生物耗氧量，还具有杀灭致病菌、减少蚊蝇滋生的功能。此外，沼气发酵作为废物处理的手段，不仅能节省能耗，而且还能生产优质的沼气和高效有机肥。

四、消毒防护

无论采取哪种消毒方式，都要注意消毒人员的自身防护。消毒防护，首先要严格遵守操作规程和注意事项，其次要注意消毒人员以及消毒区域内其他人员的防护。防护措施要根据消毒方法的原理和操作规程有针对性。例如进行喷雾消毒和熏蒸消毒就应穿上防护服，戴上眼镜和口罩；进行紫外线直接的照射消毒，室内人员都应该离开，避免直接照射。如对进出养殖场人员通过消毒室进行紫外线照射消毒时，眼睛不能看紫外线灯，避免眼睛受到灼伤。

常用的个人防护用品可以参照国家标准进行选购，防护服应该配帽子、口罩和鞋套。

（一）防护服要求

防护服应做到防酸碱、防水、防寒、挡风、透气等。

1. 防酸碱

可使服装在消毒中耐腐蚀，工作完毕或离开疫区时，用消毒液高压喷淋、洗涤消毒，达到安全防疫的效果。

2. 防水

防水好的防护服材料再1米^{2}的防水气布料薄膜上就有14亿个微细孔，一颗水珠比这些微细孔大2万倍，因此，水珠不能穿过薄膜层而湿润布料，不会被弄湿，可保证操作中的防水效果。

3. 防寒、挡风

防护服材料极小的微细孔应呈不规则排列，可阻挡冷风及寒气的侵入。

4. 透气

材料微孔直径应大于汗液分子700~800倍，汗气可以穿透面料，即使在工作量大、体液蒸发较多时也感到干爽舒适。目前先进的防护服已经在市场上销售，可按照上述标准，参照防SARS时采用的标准选购。

（二）防护用品规格

1. 防护服

一次性使用的防护服应符合《医用一次性防护服技术要求》（GB19082—2003）。外观应干燥、清洁、无尘、无霉斑，表面不允许有斑疤、裂孔等缺陷；针线缝合采用针缝加胶合或作折边缝合，针距要求每3厘米缝合8~10针，针次均匀、平直，不得有跳针。

2. 防护口罩

应符合《医用防护口罩技术要求》（GB19083—2003）。

3. 防护眼镜

应视野宽阔，透亮度好，有较好的防溅性能，佩戴有弹力带。

4. 手套

医用一次性乳胶手套或橡胶手套。

5. 鞋及鞋套

为防水、防污染鞋套，如长筒胶鞋。

（三）防护用品的使用

1. 穿戴防护用品顺序

步骤 1：戴口罩。平展口罩，双手平拉推向面部，捏紧鼻夹使口罩紧贴面部；左手按住口罩，右手将护绳绕在耳根部；右手按住口罩，左手将护绳绕向耳根部；双手上下拉口边沿，使其盖至眼下和下巴。

戴口罩的注意事项：佩戴前先洗手；摘戴口罩前，要保持双手洁净，尽量不要触碰口罩内侧，以免手上的细菌污染口罩；口罩每隔 4 小时更换 1 次；佩戴面纱口罩要及时清洗，并且高温消毒后晾晒，最好在阳光下晒干。

步骤 2：戴帽子。戴帽子时注意双手不要接触面部，帽子的下沿应遮住耳的上沿，头发尽量不要露出。

步骤 3：穿防护服。

步骤 4：戴防护眼镜。注意双手不要接触面部。

步骤 5：穿鞋套或胶鞋。

步骤 6：戴手套。将手套套在防护服袖口外面。

2. 脱掉防护用品顺序

步骤 1：摘下防护镜，放入消毒液中。

步骤 2：脱掉防护服，将反面朝外，放入黄色塑料袋中。

步骤 3：摘掉手套，一次性手套应将反面朝外，放入黄色塑料袋中，橡胶手套放入消毒液中。

步骤 4：将手指反掏进帽子，将帽子轻轻摘掉，反面朝外，放入黄色塑料袋中。

步骤 5：脱下鞋套或胶鞋，将鞋套反面朝外，放入黄色塑料袋中，将胶鞋放入消毒液中。

步骤 6：摘口罩，一手按住口罩，另一只手将口罩带摘下，放入黄色塑料袋中，注意双手不接触面部。

（四）防护用品使用后的处理

消毒结束后，执行消毒的人员需要进行自洁处理，必要时更换防护服对其做消毒处理。有些废弃的污染物包括使用后的一次性隔离衣裤、口罩、帽子、手套、鞋套等不能随便丢弃，应有一定的消毒处理方法，这些方法应该安全、简单、经济。

基本要求：污染物应装入盒或袋内，以防止操作人员接触；防止污染物接近人、鼠或昆虫；不应污染表层土壤、表层水及地下水；不应造成空气污染。污染废弃物应当严格清理检查，清点数量，根据材料性质进行分类，分成可焚烧处理和不可焚烧处理两大类。干性可燃污染废物进行焚烧处理；不可燃废物浸泡消毒。

（五）培养良好的防护意识和防护习惯

作为消毒人员，不仅应该熟悉各种消毒方法、消毒程序、消毒器械和常用消毒剂的使用，还应该熟悉微生物和传染病检疫防疫知识，能够对疫源地的污染菌做出判断。

由于动物防疫检疫人员或消毒人员长期暴露于病原体污染的环境下，因此，从事消毒工作的人员应该具备良好的防护意识，养成良好的防护习惯，加强消毒人员自身防护，防止和控制人畜共患病的发生。如，在干热灭菌时防止燃烧；压力蒸汽灭菌时防止爆炸事故及操作人员的烫伤事故；使用气体化学消毒时，防止有毒消毒气体的泄漏，经常检测消毒环境中气体的浓度，对环氧乙烷气体还应防止燃烧、爆炸事故；接触化学消毒灭菌时，防止过敏和皮肤黏膜的伤害等。

第三节　化学消毒剂

一、化学消毒剂的分类

（一）酚类

包括苯酚、煤酚、复合酚等。复合酚是最早的国产高效广谱消毒剂，正确使用可彻底杀灭各类细菌、芽孢、真菌、病毒，可用于各类环境消毒，但复合酚的刺激性气味比较大、对栏舍及用具有腐蚀性，不能用于带体消毒，其他的酚类对细菌芽孢、真菌和病毒无效。

（二）酸类

有机酸和无机酸两大类，包括硼酸、水杨酸、苯甲酸、柠檬酸等。酸类主要是氢离子起抑菌和灭菌作用，主要是抑菌作用，一般不能杀灭微生物，在生产实践中不太常用。

（三）醛类

包括甲醛、聚甲醛、戊二醛等，甲醛的35%~40%水溶液称为福尔马林，易挥发，对细菌、病毒、真菌、芽孢有杀灭作用，是常用消毒剂，主要用于熏蒸等，对人和畜禽的刺激大，但复配的高效戊二醛制剂效果很不错。

（四）碱类

碱类杀灭微生物的作用主要取决于氢氧根离子浓度，浓度越高，杀灭作用越强，对微生物有很强的杀灭作用。包括氢氧化钠（烧碱）、氧化钙（生石灰）等，常用于疫病发生后的终末消毒和空栏消毒。但碱对皮肤有刺激性，对栏舍、用具、设备、地面有损伤，大量使用还会造成环境污染。

（五）碘制剂

碘可碘化和氧化微生物的蛋白质，抑制其代谢酶活性，从而有很强的杀菌作用。杀菌作用几乎无选择性，对细菌、芽孢、真菌、病毒等各类微生物几乎有相同的有效浓度，是一种十分优秀的消毒剂。但在碱性环境和有机质大量存在时，其杀菌作用有些减弱，包括碘伏、碘仿、碘酊等。具有作用持久、刺激性小、杀菌谱广等优点，但由于价格相对较高，主要用于母猪舍、产房及保育舍等的消毒。

（六）氯制剂

包括有机氯和无机氯，主要有漂白粉、二氯异氰尿酸钠等。二氯异氰尿酸钠杀菌谱广，各种微生物都能杀灭，使用成本也低。但单纯的二氯异氰尿酸钠的有效成分有一定挥发性和腐蚀作用，刺激性也较强，使用浓度不能过大。所以只有经过增效、增渗复配和高温的制剂才能达到低浓度高效消毒，才能减少对畜禽的刺激。

（七）过氧化物类

常用的有过氧乙酸、臭氧、环氧乙烷等，都是高效消毒剂。但往往存在使用不便、不易保存、有一定的危险性等缺点。

（八）季铵盐类

包括新洁尔灭、杜米芬等，是一类阳离子表面活性剂，杀菌广泛，作用快，刺激性小，使用成本也较低。但不能杀灭结核杆菌、芽孢和亲脂病毒、裸露病毒。其消毒作用可被有机物或酸性环境减弱，在碱性环境中得到加强，常用于皮肤黏膜、外环境消毒和带畜禽间隔性消毒。所以市场上销售的季铵盐类制剂一般都是复配制剂。

二、兔场常用化学消毒剂的选择使用

（1）氢氧化钠（又称苛性钠、烧碱或火碱）　碱类消毒剂，粗制品为白色不透明固体，有块、片、粒、棒等形状；成溶液状态的俗称液碱，主要用于场地、兔舍等消毒。2%~4% 溶液可杀死病毒和繁殖型细菌，30% 溶液 10 分钟可杀死芽孢，4% 溶液 45 分钟杀死芽孢，如加入 10% 食盐能增强杀芽孢能力。实践中常以 2% 的溶液用于消毒，消毒 1~2 小时后，用清水冲洗干净。

（2）石灰（生石灰）　碱类消毒剂，主要成分是氧化钙，加水即成氢氧化钙，俗名熟石灰或消石灰，具有强碱性，但水溶性小，解离出来的氢氧根离子不多，消毒作用不强。1% 石灰水杀死一般的繁殖型细菌要数小时，3% 石灰水杀死沙门氏菌要 1 小时，对芽孢和结核菌无效。其最大的特点是价廉易得。实践中，20 份石灰加水到 100 份制成石灰乳，用于涂刷墙体、栏舍、地面等，或直接加石灰于被消毒的液体中，或撒在阴湿地面、粪池周围及污水沟等处消毒。

（3）赛可新　酸类消毒剂，主要成分是复合有机酸，用于饮水消毒，用量为每升饮水添加 1.0~3.0 毫升。

（4）农福　酸类消毒剂，由有机酸、表面活性剂和高分子量杀微生物剂混合而成。对病毒、细菌、真菌、支原体等都有杀灭作用。常规喷雾消毒作 1：200 稀释，每平方米使用稀释液 300 毫升；多孔表面或有疫情时，作 1：100 稀释，每平方米使用稀释液 300 毫升；消毒池作 1：100 稀释，至少每周更换一次。

（5）醋酸　酸类消毒剂，用于空气熏蒸消毒，按每立方米空间3~10毫升，加1~2倍水稀释，加热蒸发。可带畜、禽消毒，用时须密闭门和窗。市售醋酸可直接加热熏蒸。

（6）漂白粉　卤素类消毒剂，灰白色粉末状，有氯臭，难溶于水，易吸潮分解，宜密闭、干燥处储存。杀菌作用快而强，价廉而有效，广泛应用于兔舍、地面、粪池、排泄物、车辆、饮水等消毒。饮水消毒可在1 000千克河水或井水中加6~10克漂白粉，10~30分钟后即可饮用；地面和路面可撒干粉再洒水；粪便和污水可按1∶5的用量，一边搅拌，一边加入漂白粉。

（7）二氧化氯消毒剂　卤素类消毒剂，是国际上公认的新一代广谱强力消毒剂，被世界卫生组织列为AI级高效安全消毒剂，杀菌能力是氯气的3~5倍；可应用于兔活体、饮水、鲜活饲料消毒保鲜、栏舍空气、地面、设施等环境消毒、除臭；本品使用安全、方便，消杀除臭作用强，单位面积使用价格低。

（8）消毒威（二氯异氰尿酸钠）　卤素类消毒剂，使用方便，主要用于兔场地喷洒消毒和浸泡消毒，也可用于饮水消毒，消毒力较强，可带兔消毒。使用时按说明书标明的消毒对象和稀释比例配制。

（9）二氯异氰尿酸钠烟熏剂　卤素类消毒剂，本品用于养兔场消毒，饲养用具的消毒；使用时，按每立方米空间2~3克计算，移出家兔置药于空兔舍，关闭门窗，点燃后即离开，密闭24小时后，通风换气即可。

（10）氯毒杀　卤素类消毒剂，使用同消毒威。

（11）百毒杀　双链季铵盐广谱杀菌消毒剂，无色、无味、无刺激和无腐蚀性，可带兔消毒。配制成0.3‰的浓度用于兔舍、环境、用具的消毒，0.1‰的浓度用于饮水消毒。

（12）东立铵碘　双链季铵盐、碘复合型消毒剂，对病毒、细菌、霉菌等病原体都有杀灭作用。可供饮水、环境、器械、兔体消毒；饮水、喷雾、浸泡作1∶（2 000~2 500）稀释，发病时作1∶（1 000~1 250）稀释。

（13）菌毒灭　复合双链季铵盐灭菌消毒剂，具有广谱、高效、无毒等特点，对病毒、细菌、霉菌及支原体等病原体都有杀灭作用；饮水作 1：（1 500~2 000）稀释；日常对环境、栏舍、器械消毒（喷雾、冲洗、浸泡）作 1：（500~1 000）稀释；发病时作 300 倍稀释。

（14）福尔马林　醛类消毒剂，是含 37%~40% 的甲醛水溶液，有广谱杀菌作用，对细菌、真菌、病毒和芽孢等均有效，在有机物存在的情况下也是一种良好的消毒剂，缺点是有刺激性气味。以 2%~5% 水溶液用于喷洒墙壁、地面及用具消毒；房舍熏蒸按每立方米空间用福尔马林 30 毫升，置于一个较大容器内（至少 10 倍于药品体积），加高锰酸钾 15 克，事前关好所有门窗，密闭熏蒸 12~24 小时后，再打开门窗去味。熏蒸时室温最好不低于 15℃，相对湿度在 70% 左右。

（15）过氧乙酸　氧化剂类消毒剂，纯品为无色澄明液体，易溶于水，是强氧化剂，有广谱杀菌作用，作用快而强，能杀死细菌、霉菌芽孢及病毒，不稳定，宜现配现用。0.04%~0.2% 溶液用于耐腐蚀小件物品的浸泡消毒，时间 2~120 分钟；0.05%~0.5% 或以上喷雾，喷雾时消毒人员应戴防护目镜、手套和口罩，喷后密闭门窗 1~2 小时；用 3%~5% 溶液加热熏蒸，每立方米空间 2~5 毫升，熏蒸后密闭门窗 1~2 小时。

第四节　兔场主要消毒项目

一、人员进舍的消毒

在兔舍入口处、通道、走廊及化验室等处，应安装紫外线灯进行消毒。进出兔舍时停留 5~8 分钟。

凡进入兔舍、饲料间的饲养人员必须换衣、换鞋；脚踏消毒池后方可入内，洗手消毒后才能开始工作；每天工作完毕应将工作服、鞋、帽子脱在更衣室，洗净备用。

二、场区和环境的消毒

凡来场的人员、车辆，必须经药物喷雾消毒后，才能进入场内；参观人员必须更换经消毒的工作服、鞋和帽子后才能进入生产区；出售家兔在场外进行，已调出的家兔严禁再送回场；严禁其他畜禽进入场内。

生产区内各栋兔舍周围、人行道每隔 3~5 天大扫除 1 次，每隔 10~15 天消毒 1 次；晒料场、兔运动场每日清扫 1 次，保持清洁干燥、每隔 5~7 天消毒 1 次。消毒药可交替选用 3% 来苏儿、2% 火碱水、5% 漂白粉、0.5% 甲醛、30% 草木灰、0.5% 过氧乙酸、0.02% 百毒杀等。

每年春秋两季对易污染的兔舍墙壁、固定兔笼的墙壁涂上 10%~20% 生石灰乳，墙角、底层笼阴暗潮湿处撒上生石灰；生产区门口、兔舍门口、固定兔笼出入口的消毒池，每隔 1~3 天清洗 1 次，并用 2% 的火碱水消毒、确保消毒效果。

对兔舍、运动场地面做预防性消毒时，可铲除表层土 3 厘米左右，用 10%~20% 新鲜石灰水、3%~5% 烧碱水或 5% 漂白粉溶液喷洒地面，然后垫上一层新土夯实；如进行紧急消毒时，可先在地面充分洒上对病原体具有强烈作用的消毒剂，过 2~3 小时后，铲去表面 10 厘米以上的土，并洒上 10%~20% 石灰水或 5% 漂白粉，然后垫上一层新土夯实，再喷洒 10%~20% 石灰水，经 5~7 天后将健康家兔重新放入饲养。

三、设备及用具的消毒

1. 常用消毒方法

（1）一般消毒 指笼具使用期间的带兔消毒。按使用说明用百毒杀、拜洁或水易净等配成一定的比例，喷洒消毒，一般 3 天 1 次。

（2）彻底消毒 指引种前全舍消毒或把兔从笼内提出的不带兔消毒。按使用说明用杀菌力较强的消毒液，如来苏儿、甲醛、烧碱等。但应注意消毒后不能立即放兔，须放置 2~3 天再放兔。还可用喷灯火焰消毒，火焰应达到笼具的每个部位、火焰消毒数小时后便可放兔。彻底消毒一般 1 个月 1 次。

2. 不同设备及用具的消毒

（1）兔舍、兔笼、通道、粪尿底沟　对木、竹兔笼及用具，可用开水或 2% 热碱水烫洗，也可用 0.1% 新洁尔灭或 3% 的漂白粉澄清液清洗。金属兔笼和用具可用喷灯进行火焰消毒，或浸泡在开水中 10~15 分钟，每日清扫 1 次、夏秋季节每隔 5~7 天消毒 1 次。粪便和脏物应选离兔场 150 米以外处堆积发酵。在消毒的同时有针对性地用 2% 敌百虫水溶液或 500~800 倍稀释的三氯杀螨醇溶液喷洒兔舍、兔笼和环境，以杀灭螨虫和有害昆虫，同时搞好灭鼠工作。

（2）设备、工具　各栋兔舍的设备、工具应固定，不得互相借用；每个兔笼和料槽、饮水器和草架也应固定；刮粪耙子、扫帚、锨、推粪车等用具，用完后及时消毒，晴天放在阳光下暴晒；产仔箱、运输笼用完后应冲刷干净，放在阳光下暴晒 2~4 小时，消毒后备用；家兔转群或母兔分娩前，兔舍、兔笼均须消毒 1 次。

（3）水槽、料槽、料盆、草架子、运料车　应每日冲刷干净、每隔 7~10 天用沸水浸泡或分别用 2% 热烧碱水、0.15% 洗必泰、2%~4% 福尔马林、0.5% 过氧乙酸等浸泡消毒 10~15 分钟后，清水冲洗干净再用；兔病医疗所用的注射器、针头、镊子等每次使用后煮沸 30 分钟或用 0.1% 新洁尔灭浸泡消毒；饲养人员的工作服、毛巾和手套等要经常用 1%~2% 的来苏儿或 4% 的热碱水洗涤消毒。

（4）产箱　使用过的产箱应倒掉里面的垫物，用清水冲洗干净，晾干后，在强日光下暴晒 5~6 小时，冬天可用紫外线灯照射 5~6 小时，再用消毒液喷雾消毒备用。

（5）兽医器械及用品的消毒　兽医器械及用品的消毒方法见表 1-2。

表 1-2 兽医器械及用品的消毒

消毒对象	消毒药物与方法步骤	备注
体温表	先用 1% 过氧乙酸溶液浸泡 5 分钟做第一道处理，然后再放入另一 1% 过氧乙酸溶液中浸泡 30 分钟做第二道处理	① 针头用皂水煮沸消毒 15 分钟后，洗净，消毒后备用；② 煮沸时间从水沸腾时算起，消毒物应全部浸入水内
注射器	针筒用 0.2% 过氧乙酸溶液浸泡 30 分钟后再清洗，经煮沸或高压消毒后备用	
各种玻璃接管	① 将接管分类浸入 0.2% 过氧乙酸溶液中，浸泡 30 分钟后用清水冲清；② 再将接管用肥皂水刷，清水冲净，烘干后，分类装入盛器，经高压消毒后备用	有积污的玻璃管，须用清洁液浸泡，2 小时后洗净，再消毒处理
药杯、换药碗（搪瓷类）	① 将药杯用清水冲去残留药液后浸泡在 1∶1000 新洁尔灭溶液中 1 小时；② 将换药碗用肥皂水煮沸消毒 15 分钟；③ 再将药杯与换药碗分别用清水刷洗冲净后，煮沸消毒 15 分钟或高压消毒后备用（如药杯系玻璃类或塑料类的可用 0.2% 过氧乙酸浸泡 2 次，每次 30 分钟后，清洗烘干、备用）	① 药杯与换药碗不能放在同一容器内煮沸或浸泡；② 若用后的药碗染有各种药液颜色的，应煮沸消毒后用去污粉擦净，洗清，揩干后再浸泡；③ 冲洗药杯内残留药液下来的水须经处理后再弃去
托盘方盘弯盘（搪瓷类）	将其分别浸泡在 1% 漂白粉澄清液中 1 小时；再用肥皂水刷洗，清水洗净后备用	漂白粉澄清液每 2 周更换 1 次，夏季每周更换 1 次
污物敷料桶（搪瓷类）	① 将桶内污物倒去后，用 0.2% 过氧乙酸溶液喷雾消毒，放置 30 分钟；② 用碱或皂水将桶刷洗干净，清水洗净后备用	① 污物敷料桶每周消毒 1 次；② 桶内倒出的污敷料须消毒处理后回收或焚毁后弃去

消毒对象	消毒药物与方法步骤	备注
污染的镊子、钳子等	① 放入1%皂水煮沸消毒15分钟；② 再用清水将其冲净后，煮沸15分钟或高压消毒备用	① 被脓、血污染的镊子、钳子或锐利器械应先用超声波清洗干净，再行消毒；② 刷洗下的脓、血水按每1000毫升加过氧乙酸原液10毫升计算（即1%浓度），消毒30分钟后，才能倒弃；③ 器械盒每周消毒一次；④ 器械使用前应用生理盐水淋洗
锐利器械	① 将器械浸泡在2%中性戊二醛溶液中1小时；② 再用皂水将器械用超声波清洗，清水冲净，揩干后，浸泡于第二道2%中性戊二醛溶液中2小时；③ 将经过第一二道消毒后的器械取出后用清水冲洗，冲洗后浸泡于1：1000新洁尔灭溶液的消毒盒内备用	
开口器	① 将开口器浸入1%过氧乙酸溶液中，30分钟后用清水冲洗；② 再用皂水刷洗，清水冲洗，揩干后，煮沸或高压蒸汽消毒备用	浸泡时开口器应全部浸入消毒液中
硅胶管	① 将硅胶管拆去针头，浸泡在0.2%过氧乙酸溶液中，30分钟后用清水冲洗；② 再用皂水冲洗硅胶管管腔后，用清水冲净、揩干	拆下的针头按注射器针头消毒处理
手套	① 将手套浸泡在0.2%过氧乙酸溶液中，30分钟后用清水冲洗；② 再将手套用皂水清洗，清水漂净后晾干；③ 将晾干后的手套用高压蒸汽消毒或环氧乙烷熏蒸消毒后备用	手套应浸没于过氧乙酸溶液中，不能浮于液面上
橡皮管、投药瓶	① 用浸有0.2%过氧乙酸的揩布擦洗物件表面；② 再用皂水将其刷洗、清水洗净后备用	

{续表}

消毒对象	消毒药物与方法步骤	备注
导尿管、肛管、胃导管	① 将物件分类浸入 1% 过氧乙酸溶液中，浸泡 30 分钟后用清水冲洗；② 再将物件用皂水刷洗、清水洗净后，分类煮沸 15 分钟或高压消毒后备用	物件上胶布痕迹可用乙醚擦除
输液输血皮条	① 将皮条针上头拆去后，用清水冲净皮条中残留液体，再浸泡在清水中；② 再将皮条用皂水反复揉搓，清水冲净，揩干后，高压消毒备用	拆下的针头按注射器针头消毒处理
手术衣、帽、口罩等	① 将其分别浸泡在 0.2% 过氧乙酸溶液中 30 分钟，用清水冲洗；② 再用皂水搓洗，清水洗净、晒干高压灭菌备用	口罩应与其他物件分开洗涤
创巾、敷料等	① 污染血液的，先放在冷水或 5% 氨水内浸泡数小时，然后在皂水中搓洗，最后在清水中漂净；② 污染碘酊的，用 2% 硫代硫酸钠溶液浸泡 1 小时，清水漂洗、拧干，浸于 0.5% 氨水中，再用清水漂净；③ 经清洗后的创巾、敷料高压蒸汽灭菌备用	被传染性物质污染时，应先消毒后洗涤，再灭菌
推车	① 每月定期用去污粉或皂粉将推车擦洗 1 次；② 污染的推车应及时用 0.2% 过氧乙酸溶液擦拭，30 分钟后再用清水揩净	

四、兔群消毒

1. 兔舍带兔消毒

先彻底清除粪便、剩余饲料等污物，用清水洗刷干净，待干燥后进行消毒，平时每 7 天消毒一次，可分别用 5%~20% 漂白粉溶液、0.15% 新洁尔灭溶液、百毒杀等喷洒。

2. 转群或分娩前、空舍时的消毒

常采用福尔马林熏蒸，每立方米空间用福尔马林 25 毫升，水

12.5升，两者混合后加入容器（要求是广口的）内，再放入高锰酸钾25克，关闭门窗消毒24小时，然后打开窗户通风透气，停留1天后再放入家兔；或用过氧乙酸熏蒸，每立方米空间1~3克，配制成3%~5%溶液，熏蒸时关闭门窗1~2小时。因稀释液不稳定，要现用现配。

五、污水与粪便污物消毒

1. 污水消毒

可在每立方米水中加漂白粉8~10克。

2. 粪便等污物消毒

常采用生物热发酵方法：在距兔场200米以外无居民、河流及水井而且土质干涸的地方，挖几个圆形或长方形的发酵池，坑壁、坑底拍打结实，最好用砖砌后再抹水泥，以防渗水。然后将每天清除的粪便及污物等倒入池内、直到快满时，在粪便表面铺上一层杂草，上面用一层泥土封好，经过1~3个月可达到消毒目的，取出后作肥料用。

六、饮水消毒

（一）饮水系统的消毒

对于封闭的乳头饮水系统而言，可通过松开部分的连接点来确认其内部的污物。污物可粗略地分为有机物（如细菌、藻类或霉菌）和无机物（如盐类或钙化物）。可用碱性化合物或过氧化氢去除前者或用酸性化合物去除后者，但这些化合物都具有腐蚀性。确认主管道及其分支管道均被冲洗干净。

1. 封闭的乳头或杯形饮水系统消毒

先高压冲洗，再将消毒液灌满整个系统，并通过闻每个连接点的化学药液气味或测定其pH值来确认是否被充满。浸泡24小时以上，充分发挥化学药液的作用后，排空系统，并用清水彻底冲洗。

2. 开放的圆形和杯形饮水系统消毒

用清洁液浸泡2~6小时，将钙化物溶解后再冲洗干净，如果钙质过多，则必须刷洗。将带乳头的管道灌满消毒药，浸泡一定时间后冲洗干净并检查是否残留有消毒药；而开放的部分则可在浸泡消毒液后冲洗干净。

（二）饮水消毒

兔饮水应清洁无毒、无病原菌，符合人的饮用水标准。生产中使用干净的自来水或深井水，但水容易受到污染，需要定期进行消毒。生产上常用的饮水消毒剂多为氯制剂、碘制剂和复合季铵盐类等。消毒药可以直接加入蓄水或水箱中，用药量应以最远端饮水器或水槽中的有效浓度达该类消毒药的最适饮水浓度为宜。家兔喝的是经过消毒的水而不是喝的消毒药水，任意加大水中消毒药物的浓度或长期使用，除可引起急性中毒外，还可杀死或抑制肠道内的正常菌群，影响饲料的消化吸收，对家兔健康造成危害，另外影响疫苗防疫效果。饮水消毒应该是预防性的，而不是治疗性的，因此消毒剂饮水要谨慎行事。

七、垫料的消毒

兔子使用的垫料可以通过阳光照射的方法进行消毒，这是一种最经济、最简单实用的消毒方法。将垫料放在烈日下，暴晒2~3小时，能杀灭多种病原微生物。对于少量的垫料，直接用紫外线灯照射1~2小时，可以杀灭大部分微生物。

八、发生疫病后的紧急措施

（一）立即隔离病兔

兔场一旦发生传染病后，应迅速将有病和可疑病兔隔离治疗。饲料、饮水和用具不得入内，在隔离所进出口设消毒池，防止疫情的扩散和传播。

（二）及时诊断

兔场发生疫病时，应及时组织人员现场会诊，得出准确的疫情报告，提出防治疫病的紧急补救措施。

（三）消毒杀菌

当疫病已在本场发生或流行时，应对疫区和受威胁的兔群进行紧急疫情扑灭措施。对污染过的兔笼、饲料、食槽、饮水器、各种用具、衣服、粪便、环境和全部兔舍用1%~3%的热碱溶液、3%~5%苯酚溶液、3%~5%来苏儿和10%~20%石灰乳消毒。目前常用的还有过氧乙酸和毒杀等新的消毒药，切断各种传播媒介。

（四）紧急预防接种

有的传染病可用药物进行预防性治疗。如兔巴氏杆菌病可用青霉素、链霉素、磺胺药进行防治。与此同时，必须加强饲养管理，增加有营养的饲料，提高兔群的抵抗力。

（五）挽救病兔，减少损失

兔场发生传染病后，保护健康兔，挽救病兔和净化兔场的工作应同时全盘开展，刻不容缓。治疗病兔的目的在于通过消除传染源，净化环境，减少兔场损失，同时为今后工作积累新的经验。及时安全处理病兔和死兔，有价值的种兔需要精心治疗，没有价值的应及时淘汰，妥善处理或深埋或烧毁处理，不得食用和作商品兔出售。

兔场发生传染病，尤其是烈性传染病，常给兔场带来重大危害，有的甚至在短时间内全军覆灭，造成惨重的经济损失，一旦发现应及时处理。

第二章
◀◀◀兔场的防疫▶▶▶

第一节　兔场建设要科学

一、场址选择

（一）地势地形

兔场场址应选在地势高、有适当坡度、背风向阳、地下水位低、排水良好的地方。低洼潮湿、排水不良的场地不利于家兔体热调节，而有利于病原微生物的生长繁殖，特别是适合寄生虫（如螨虫、球虫等）的生存。为便于排水，兔场地面要平坦或稍有坡度（以1%~3%为宜）。

地形要开阔、整齐、紧凑，不宜过于狭长或边角过多，以便缩短道路和管线长度，提高场地的有效利用，节约资金和便于管理。可利用天然地形、地物（如林带、山岭、河川等）作为天然屏障和场界。

（二）土壤土质

理想的土质为沙壤土，其兼具沙土和黏土的优点，透气透水性好，雨后不会泥泞，易于保持适当的干燥。其导热性差，土壤温度稳定，既利于兔的健康，又利于兔舍的建造和延长使用寿命。

（三）水源及水质

一般兔场的需水量比较大，如家兔饮水、兔舍笼具清洁卫生用水、种植饲料作物用水以及日常生活用水等，必须要有足够的水源。同时，水质状况如何，将直接影响家兔和人员的健康。因此，水源及水质应作为兔场场址选择优先考虑的一个重要因素。水量不足将直接限制家兔生产，而水质差，达不到应有的卫生标准，同样也是影响家兔生产的一大隐患。生产和生活用水应清洁无异味，不含过多的杂质、细菌和寄生虫，不含腐败有毒物质，矿物质含量不应过多或不足。较理想的水源是自来水和卫生达标的深井水；江河湖泊中的流动活水，只要未受生活污水及工业废水的污染，稍作净化和消毒处理，也可作为生产生活用水。

水质标准要求见表2-1。

表2-1　水源水质标准

项　　目		标准值	
		畜	禽
感官性状及一般化学指标	色（°）	色度不超过30°	
	浑浊度（°）	不超过20°	
	臭和味	不得有异臭、异味	
	肉眼可见物	不得含有	
	总硬度（以 $CaCO_3$ 计），毫克/升	1500	
	pH 值	5.5~9	6.4~8.0
	溶解性总固体，毫克/升	4000	2000
	氯化物（以 Cl^- 计），毫克/升	1000	250
	硫酸盐（以 SO_4^{2-} 计），毫克/升	500	250
细菌学指标	总大肠菌群，个/100毫升	成年畜10，幼畜和禽1	
毒理学指标	氟化物（F^- 计），毫克/升	2.0	2.0
	氰化物，毫克/升	0.2	0.05
	总砷，毫克/升	0.2	0.2
	总汞，毫克/升	0.01	0.001
	铅，毫克/升	0.1	0.1
	铬（六价），毫克/升	0.1	0.05
	镉，毫克/升	0.05	0.01
	硝酸盐（以 N 计），毫克/升	30	30

（四）交通及周围环境

家兔生产过程中形成的有害气体及排泄物会对大气和地下水产

生污染，因此兔场不宜建在人烟密集和繁华地带，而应选择相对隔离的偏僻地方，有天然屏障（如河塘、山坡等）作隔离则更好，但要求交通方便，尤其是大型兔场。大型兔场建成投产后，物流量比较大，如草料等物资的运进，兔产品和粪肥的运出等。对外联系也比一般兔场多，若交通不便，则会给生产和工作带来困难，甚至会增加兔场的开支。兔场不能靠近公路、铁路、港口、车站、采石场等，也应远离屠宰场、牲畜市场、畜产品加工厂及有污染的工厂。为了卫生防疫起见，兔场场址应距公路、铁路交通干线和居民区保持至少500米的距离；与其他养殖场及屠宰场、医院、学校等人口稠密的区域距离1 000米以上，并且处在居民区的下风口，尽量避免兔场成为周围居民区的污染源。避开风景名胜区、自然保护区的核心区和缓冲区。场址应靠近输电线路，电力安装方便，保证24小时供应，必要时还要自备发电机组。兔场要有专用车道直达，路宽，可以会车，路面硬化，且满足最大承载。

二、规划布局

总体布局

兔场通常分为生活区、生产管理区、生产区、隔离区和粪便处理区。各区的顺序根据当地全年主导风向和兔场场址地势来安排。

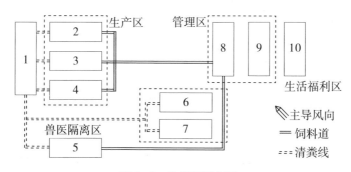

图2-1 兔场规划布局

1.粪便处理；2.幼兔舍；3.育成舍；4.繁殖舍；5.病兔舍；6.公兔舍；
7.母兔舍；8.饲料加工车间；9.库房；10.办公生活区

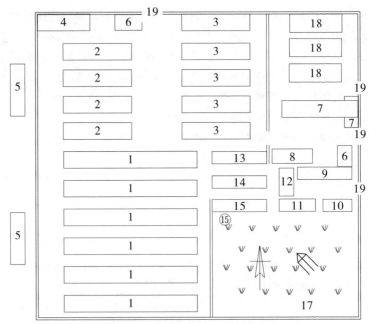

图2-2 某兔场的平面布局

1.种兔舍；2.繁殖舍；3.后备育肥舍；4.隔离舍；5.蓄粪池；

6.警卫室；7.办公室；8.食堂；9.车库；10.配电室；11.修理室；

12.饲料原料库；13.饲料成品库；14.饲料加工间；15.锅炉房；

16.水塔；17.果菜园；18.宿舍；19.门

1. 生活区

生活区是管理人员和家属日常生活的地方，独立设立。一般在生产区的上风向、偏风向，并且地势较高，包括食堂、宿舍、文娱和运动场所。

2. 生产管理区

生产管理区是兔场生产管理必需的附属建筑物，有办公室、接待室、财务室、会议室、技术档案室、化验分析室（兽医室）、饲料加工车间、饲料贮存库、设备修理车间、变电室（发电室）、水泵房、锅炉房等。该区不宜距离生产区太远，在地势上，生产管理

区应高于生产区，并在其上风向、偏风向。

3. 生产区

生产区是兔场的主要建筑区，包括各类兔舍和生产设施，占全场总建筑面积的 70%~80%，对外全封闭，禁止一切外来人员和车辆进入。生产区兔舍可细分为配种舍、妊娠舍、分娩舍、保育舍、生长肥育舍、种公兔舍、后备种（公、母）兔舍。种公兔区在种兔区上风向，分娩舍既要靠近妊娠舍，又要接近保育舍。后备种（公、母）兔舍、保育舍、生长育肥舍依次设在下风向、偏风向。各舍间要保持距离，并采取一定的隔离防疫措施。兔舍方向要与当地夏季主导风向呈 30°~60° 角，可让每排兔舍在夏季获得最佳通风。在生产区的出入口设立专门的消毒间、消毒池，对进出生产区的人员和车辆进行消毒。

4. 隔离区

隔离区是引进种兔后进行隔离观察和病兔隔离治疗的区域，尸体解剖室等在此区域。隔离区位置在整个兔场的下风向。

5. 污水粪便处理区

焚烧炉、污水和粪便发酵处理或综合利用区。粪尿池的容量和处理应符合环保要求，防止污染环境，位置处在下风向。

6. 水源区

水量充足，水质符合国家饮用水标准要求，位置必须远离污水粪便处理区，防止水源污染。

7. 其他

绿化隔离，净、污道路，排雨、污水系统。

三、合理布局

1. 基本原则

应从人和兔子的健康角度出发，建立最佳的生产联系和卫生防疫条件。尤其在地势和风向上要进行合理布局，办公生活区要占全场的上风向和地势较好的地区，其他依次为：管理区、生产区、兽医隔离区。

2. 兔舍朝向

朝向取南向，即兔舍纵轴与纬度平行。有利于冬季阳光照入舍内提高舍温，并可防止夏季强烈的光照，引起舍温升高。考虑到我国各地地形、通风和其他条件，可根据各地情况向东或向西偏转15°。一般而言，为保证通风和采光，兔舍间距不应少于舍高的1.5~2倍。

3. 道路

主干道与支干道，要求场内道路保持最短距离。场内道路要分净道和污道，二者不可通用或交叉。

4. 防疫设施

（1）场界防疫　兔场周围要有树木、沟壑等天然防疫屏障或建筑较高的围墙，以防场外人员或动物进入场内。隔离墙要求墙体严实，高度在2.5~3米，或沿场界周围挖深1.7米、宽2米的防疫沟，沟底和两壁硬化并放入水，沟内侧设置15~18米的铁丝网。

（2）门口防疫　兔场大门、各区域入口处，特别是生产区入口处以及各兔舍门口，都要设立相应的消毒设施。如车辆消毒池、人用的脚踏消毒槽、消毒室等。车辆消毒池要有一定的深度，池子的长度应大于轮胎周长的2倍。

5. 化粪池

应设在生产区的下风向，与兔舍保持50米（有围墙时）或100米（无围墙时）的间距。

6. 兔场绿化

兔场绿化可改善小气候环境，净化空气，也可起到防疫防火的功能。场界周边种植乔木和灌木混合林带，场区设隔离林带，以分隔场内各区；道路两旁绿化。在靠近建筑物的采光地段，不应种植枝叶过密、过于高大的树种，以免影响兔舍采光。

7. 山地建场与平原建场

山地建场因山势不同布局各有不同，原则上要依山势而建，全面考虑拟选场址的坡势、主导风向、水源、光照后，科学规划兔场各区的位置，从人和家兔的保健出发，确定生产区、生活区的有机联系；不仅安排好员工的工作、生活，而且特别重视兔子的生产防疫，合理利用有限区间。

平原建场因为没有地形的局限，更能合理布局各区位置，借鉴规范场布局的成功经验，规避不足。

第二节　兔舍的环境要求与环境控制

一、兔舍环境要求

应便于实施科学的饲养管理，以减轻劳动强度，提高工作效率。固定式多层兔笼总高度不宜过高，为便于清扫、消毒，双列式道宽以1.5米左右为宜，粪水沟宽应不小于0.3米。家兔的环境卫生指标，应根据家兔的生理习性来制定。

1. 温度

兔子汗腺极不发达，长毛兔体表又有浓密的被毛，所以对环境温度非常敏感。据试验，仔兔的最适温度为30~35℃，幼兔为20~25℃，成年兔为15~20℃。建舍时要考虑环境温度。长毛兔对低温有较强的耐受力，健康兔在 -39~20℃环境条件下仍能生存，不会冻死。不过为维持体温，需消耗较多营养，如不能满足所需营养，则对产毛和增重都有明显影响。据试验，长毛兔采毛前后对环境温度的要求差别较大。采毛前因被毛长密，体热散失少；采毛后因体表毛短，体热放散可增加30%以上。

2. 湿度

兔性喜干燥环境，最适宜的相对湿度为60%~65%，一般不应低于55%或高于70%。高温高湿和低温高湿环境对兔子有百害而无一利，既不利夏季散热，也不利冬季保温，还容易感染体内外寄生虫病等。据生产实践表明，空气湿度过大，常会导致笼舍潮湿不堪，污染被毛，影响兔毛品质；有利于细菌、寄生虫繁殖，引起疥癣、湿疹蔓延；反之，兔舍空气过于干燥或长期湿度过低，同样可导致被毛粗糙，兔毛品质下降，肉兔生长缓慢；引起呼吸道黏膜干裂，而招致细菌、病毒感染等。

3. 通风

通风是调节兔舍温湿度的好方法。通风还可排除兔舍内的污浊气体、灰尘和过多的水气，能有效地降低呼吸道疾病的发病率。兔子排出的粪尿及污染的垫草，在一定温度条件下可分解散发出氨、硫化氢、二氧化碳等有害气体。兔子是敏感性很强的动物，对有害气体的耐受量比其他动物低，当兔子处于高浓度的有害气体环境条件下，极易引起呼吸道疾病，加剧巴氏杆菌病、传染性感冒等疾病的蔓延。

通风方式一般可分为自然通风和机械通风两种。小型场常用自然通风方式，利用门窗的空气对流或屋顶的排气孔和进气孔进行调节，大中型兔场常采用抽气式或送气式的机械通风，这种方式多用于炎热的夏季，是自然通风的辅助形式。

兔子冬季必须保证每千克活兔每小时 1 米^3 的新鲜空气通风量，这些风量必须通过风机负压来均衡实现，不能间断提供，否则真菌皮肤病和鼻炎等疾病会在第二年春天暴发。夏天也不是通风越大越好，过大不但不能降低反而会提高温度，因为风速超过 1.8 米／秒时，湿帘就会降低或失去降温作用，另外过大风速会对兔子产生不利影响。

4. 光照

光照对兔子的生理机能有着重要调节作用。适宜的光照有助于增强兔子的新陈代谢，增进食欲，促进钙、磷的代谢作用；光照不足则可导致兔子的性欲和受胎率下降。此外，光照还具有杀菌、保持兔舍干燥和预防疾病等作用。生产实践表明，公、母兔对光照要求是不同的。

5. 噪声

噪声是重要的环境因素之一。据试验，突然的噪声可导致妊娠母兔流产，哺乳母兔拒绝哺乳，甚至残食仔兔等严重后果。噪声的来源主要有三方面：一是外界传入的声音；二是舍内机械、操作产生的声音；三是兔子自身产生的采食、走动和争斗声音。兔子如遇突然的噪声就会惊慌失措，乱蹦乱跳，蹬足嘶叫，导致食欲不振甚至死亡等。

6. 灰尘

空气中的灰尘主要有风吹起的干燥尘土和饲养管理工作中产生的大量灰尘，如打扫地面、翻动垫草、分发干草和饲料等。灰尘对兔子的健康和兔毛品质有着直接影响。灰尘降落到兔体体表，可与皮脂腺分泌物、兔毛、皮屑等黏混一起而妨碍皮肤的正常代谢，影响兔毛品质；灰尘吸入体内还可引起呼吸道疾病，如肺炎、支气管炎等；灰尘还可吸附空气中的水气、有毒气体和有害微生物，产生各种过敏反应，甚至感染多种传染性疾病。

7. 绿化

绿化具有明显的调温调湿、净化空气、防风防沙和美化环境等重要作用。特别是阔叶树，夏天能遮阳，冬天可挡风，具有改善兔舍小气候的重要作用。根据生产实践可知，绿化工作搞得好的兔场，夏季可降温 3~5℃，相对湿度可提高 20%~30%。种植草地可使空气中的灰尘含量减少 5% 左右。

二、兔舍的环境控制

兔舍环境控制是指对家兔生活小环境的控制。例如，通过隔热保温及散热降温以控制温度；采取有效的通风换气措施以净化空气；通过人工照明以控制舍内光照等，目的是最大限度地克服天气与季节变化对家兔的不良影响，创造符合家兔生理要求和行为习性的理想环境，以增加养兔生产的经济效益。

1. 兔舍的人工增温

寒冷地区进行冬繁，冬繁难以达到理想温度，应给兔舍进行人工增温。

（1）集中供热 地处寒冷地区的工厂化兔场进行冬繁，可采用锅炉或空气预热装置等集中产热，再通过管道将热水、蒸汽或热空气送往兔舍。

（2）局部供热 在兔舍中单独安装供热设备，如电热器、保温伞、散热板、红外线灯、火炉、火墙等。

另外，设立单独的供暖育仔间、产房等也是有效而经济的方式之一。

2. 兔舍的人工散热与降温

（1）注意兔舍的隔热设计 建舍时应综合考虑防暑防寒。

（2）舍前植树 据观察，气温为33℃时，在大树下的兔舍内仍凉爽舒适，而无树遮阳的，却燥热不堪。

（3）加强兔舍通风 加强通风虽不能明显降低兔舍温度，但加速了舍内及兔体积热的排出，使家兔有凉爽感。一般地区可采用开窗，靠自然风力和舍内外温差加强对流散热，达到通风散热的目的。

在夏季炎热地区，多用风机送风，根据气温、兔舍大小、饲养密度等，确定风机型号和送风方式。机械送风散热效果较好。通过验证分析，用较致密的卷帘布做成送风管，与风机相连，在公兔笼侧上方垂直吹风，夏季公兔膘情正常，且有活精子的占80%，而不送风的对照组有活精子的仅35%。但使用风机时应注意不要直吹兔体，因强风直接刺激家兔会引起感冒，降低采食。

（4）洒水 水的蒸发可达到降温目的，利用地下水或经冷却的水喷洒，降温效果更好。据试验，洒的水温比气温低15~17℃时，可使气温降低3~5℃。

（5）喷雾 先通过喷雾器将水喷成雾状，再通过送风机吹入舍内。由于喷雾易增加舍内湿度，故很少采用。

（6）干式降温 通过制冷设备使空气降温。一般用氨和弗利昂为制冷剂，装配冷却系统，以电为动力，向兔舍内送入冷风。此法耗费较高，且要求兔舍保温隔热性能好。

3. 兔舍有害气体的控制

兔体排出的粪尿及被污染的垫草，在一定温度下，分解产生氨、硫化氢、甲烷、二氧化碳等有害气体。舍内的微小尘埃过多时，可侵害肺部，并加剧巴氏杆菌病的蔓延。由于兔的呼吸作用及舍内蒸发作用，使舍内湿气增加。舍内温度越高，饲养密度越大，有害气体浓度越大。家兔对空气质量比对湿度更为敏感，如氨浓度超过（$2\sim3$）$\times 10^{-5}$ 时，常常诱发各种呼吸道病、眼病等，尤其可引起巴氏杆菌病蔓延，使种兔失去种用价值，严重降低效益。

（1）兔舍有害气体允许浓度标准　氨 $<3\times10^{-5}$；二氧化碳 $<3.5\times10^{-3}$；硫化氢 $<10^{-5}$。

（2）有害气体的控制措施　通风是控制兔舍有害气体的关键措施，在夏季可打开门窗自然通风，冬季靠通风装置加强换气，但应根据兔场所在地区的气候、季节、饲养密度等严格控制通风量和风速。通风量过大、过急或气流速度与温度之间不平衡等，同样可诱发兔的呼吸道病和腹泻等。确定通风量时可先测定舍内温度、湿度，再确定风速，控制空气流量。精确控制需通过专用仪器测算，亦可通过观察蜡烛火的倾斜情况来确定风速；倾斜30°时，风速 0.1~0.3 米 / 秒，60°时 0.3~0.8 米 / 秒，90°时则超过 1 米 / 秒。兔体附近风速不得超过 0.5 米 / 秒。

（3）通风方式　分自然通风和动力通风两种。为保障自然通风畅通，兔舍不宜建得过宽，以不大于 9 米为好。空气入口处除气候炎热地区应低些外，一般要高些。在墙上对称设窗，排气孔的面积为舍内地面面积的 2%~3%，进气孔为 3%~5%，育肥商品兔舍每平方米饲养活重不超过 20~30 千克。动力通风多采用鼓风机进行正压或负压通风，负压通风指的是将舍内空气抽出，将鼓风机安在兔舍两侧或前后墙，是目前较多用的方法，投入较少，舍内气流速度弱，又能排出有害气体。由于进入的冷空气需先经过舍内空间再与兔体接触，避免了直接刺激，但易发生疾病交叉感染。正压通风指的是将新鲜空气吹入，将舍内原有空气压向排气孔排出。先进的养兔国家装设鼓风加热器，即先预热空气，避免冷风刺激。无条件装设鼓风加热器的兔场，可选用负压方式通风。

此外，在控制有害气体时，尚须及时清除粪尿，减少舍内水管、饮水器的泄漏，经常保持兔笼底网的清洁干燥。

4. 兔舍光照的控制

家兔对光照的反应远没有对温度及有害气体敏感。目前对兔舍光照控制着重在光照时数。繁殖母兔每日光照 14~16 小时，有利于正常发情、妊娠和分娩。种公兔可稍短些，每日光照 8~12 小时，过长反而降低繁殖力。仔兔、幼兔需要光照较少，尤其仔兔一般供约 8 小时弱光即可。育肥兔光照 8~10 小时。据试验，连续光照 24 小时，引起家兔繁殖的紊乱。一般给家兔每天光照不宜超过 16 小时。

光照强度约 20 勒克斯为宜，但繁殖母兔需要强度大些，可用 25~35 勒克斯。同期发情时可达到 60 勒克斯。

给家兔供光多采用白炽灯或日光灯。以白炽灯供光较为优越，它既提供了必要的光照强度，又耗电较低，但安装投入较高。普通兔舍多依门窗供光，一般不再补充光照，但应避免阳光直接照射兔体。

5. 兔舍的湿度控制

家兔是较耐湿的动物，尤其在 20~25℃ 时，对高湿度的空气有较强耐受力，一般不发病。我国南方多雨季节，空气相对湿度达 90% 以上，家兔能较好地生存，当然南方气温较高、温差小起到缓冲作用。但空气湿度过大会带来间接危害，如兔笼底网潮湿不堪，引起腹泻，污染被毛，为寄生虫活动、疥癣蔓延、湿疹提供了有利的条件；反之兔舍空气过于干燥，相对湿度在 55% 以下，同样可引起呼吸道黏膜干裂、细菌病毒感染等。家兔生活的理想相对湿度为 60%~70%。种兔舍冬季供暖可缓解高湿度的不良作用，加强通风也是将多余湿气排出的有效途径。

第三节　搞好兔场环境卫生

一、绿化环境

兔场的绿化，不但可以美化环境，还可以减少污染和噪声。

（一）改善场内小气候

绿化可以缓和严冬时的温差，夏季树木可以遮挡并吸收阳光辐射，降低兔场气温；绿化可增加小环境空气湿度；绿化可降低风速，减少寒风对兔生产的影响。

（二）净化空气

兔场排出的二氧化碳比较集中，树木和绿草可吸收大量的二氧化碳，同时释放出大量的氧气。植物还能吸收大气中的二氧化硫、氟化氢等有害气体。据调查，有害气体经绿化地区后至少有25%被阻留净化。

（三）较少微粒

绿化林带能净化、澄清大气中的粉尘。在夏季，空气穿过林带时，微粒量下降35.2%~66.5%，微生物减少21.7%~79.3%。草地可吸附空气中的微粒，固定地面上的尘土，减少扬尘。

（四）减少噪声

树木及植被对噪声具有吸收和反射作用，可以减弱其强度。树叶的密度越大，则减音的效果也越显著，因此兔场周边栽种树冠大的乔木，可减弱噪声对周围居民及兔的影响。

（五）减少空气及水中细菌含量

森林可使空气中的微粒量大为减少，因而使细菌失去了附着物，树木也相应减少；同时，某些树木的花、叶能分泌芳香物质，可以杀死细菌、真菌等。

（六）防疫、防火作用

兔场外围的防护林带和各区域之间种植隔离林带，都可以防止人、畜任意来往，减少疫病传播的机会。由于树木枝叶含有大量的水分，并有很好的防风隔离作用，可以防止水灾蔓延。

二、控制和消除空气中的有害物质

大环境和小气候的空气污染给兔场生产带来不良影响。空气中的有害物质大体分为有害气体、有害微粒和有害微生物三大类。

（一）有害气体

兔舍中的有害气体主要有氨气、硫化氢、一氧化碳、二氧化碳等。控制和消除舍内有害气体必须采取综合措施，即做好兔舍卫生管理，兔舍内合理的除粪装置和排水系统，可及时清除粪尿污水，兔舍防潮和保暖，合理通风。

（二）微粒

兔舍空气中经常漂浮着固态和液态的微粒，微粒分为尘、烟、雾三类。微粒对畜禽的危害主要表现在：微粒落于体表，与皮脂腺分泌物、细毛、微生物等粘结在皮肤上，引起皮肤炎症，还能堵塞皮脂腺的出口，汗腺分泌受阻，散热功能降低；大量的微粒对兔呼吸道黏膜产生刺激作用，如微粒中携带病原微生物，可使兔感染。兔场内、外的绿化可有效减少空气中微粒；禁止干扫兔场，及时通风换气，排除舍内的微粒。

（三）微生物

兔舍内空气中的微生物大体可分为三大类：第一类是舍外空气中常见的微生物，如芽孢杆菌属、无色杆菌属、细球菌属、酵母菌属、真菌属等，它们在扩散过程中逐渐被稀释，致病力减弱；第二类是病原微生物，随着呼吸进入兔机体，引起各种疾病；第三类是空气变应源污染物，是一种能激发变态反应的抗原性物质，常见的有饲料粉末、花粉、皮垢、毛屑、各种真菌孢子等，严格的消毒制度是控制和消除空气中微生物的有力措施，平时要保证兔舍通风换气、清洁卫生，及时清除粪尿和垫草，并进行消毒处理。

三、防止噪声

噪声会使兔受到惊吓，引起外伤；长时间的噪声会使家兔体质下降，影响生长发育，甚至死亡。为减少噪声，建场时尽量远离噪声源，场内规划要合理，使汽车、拖拉机等不能靠近兔舍；选择性能稳定、噪声小的机械设备；种树种草可以降低噪声。

四、加强环境卫生的监测

监测环境卫生是为了查明污染状况，以便采取有效的改善措施。

（一）空气环境监测

主要包括温度、湿度、气流方向及速度、通风换气量、照度等。

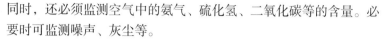

同时，还必须监测空气中的氨气、硫化氢、二氧化碳等的含量。必要时可监测噪声、灰尘等。

（二）水质监测

水质监测内容应根据供水水源性质而定，自来水和地下水化学检测指标有：pH值、总硬度、溶解性总固体、氯化物、硫酸盐；细菌学指标：总大肠菌群；毒理学指标有：氟化物、氰化物、总汞、总砷、铅、六价铬、镉、硝酸盐。

（三）土壤监测

土壤可容纳大量污染物，土壤监测项目有硫化物、氟化物、酚、氰化物、汞、砷、六价铬、氮化物、农药等。

第四节　建立健康兔群

一、坚持自繁自养

坚持"自繁自养"的原则是控制传染病的有效途径。通过以下方式获得健康兔群：选留健康的良种公兔与母兔做种兔，反复多次检疫，淘汰病兔和带菌"毒"兔，逐步实现相对无病；反复多次驱虫，以达到基本无虫；加强一般性的预防措施，严密控制传染源的侵入。经过3~5年的定向选育，培育健康兔群。也可利用杂交1代的杂种优势，提高种兔的品质和仔兔的成活率，以降低养兔的成本。

二、建立消毒制度

养兔场应建立严格的消毒制度，一般兔舍、场地及环境每天都应清扫；兔笼、用具等要清洗干净，而且要经常消毒；每月进行重点消毒一次，每季度进行大清扫、大消毒一次。在消毒之前，彻底清扫粪便和垫草，以提高消毒效果。根据不同的消毒对象，选用不同的消毒药物和不同的消毒方法。

三、经常观察兔群

每天喂料和清粪时，要注意观察兔子的采食、精神和粪便有无异常。发现异常及时采取隔离、防治措施，而且要反复多次检疫、驱虫，及时淘汰病兔、带菌兔，以达到基本无病，逐步实现建立相对无病群的目的。

四、制定合理的防疫隔离制度

（一）兔场生物安全隔离措施

就是在修建兔场时，考虑好把兔场置于一个相对安全的环境中。

1. 场址选择

应远离其他兔场、交通要道和居民居住区，地势高燥，便于排水，水源充足，并建在上风区。特别要远离屠宰场、肉类加工厂、皮毛加工厂、活畜交易市场等污染可能性大的地方。

2. 建立隔离带

兔场应建围墙，有条件的在场周围要设防疫沟和防疫隔离带，兔舍间相隔一定距离；在兔舍与兔舍之间，道路两旁种植植物，可以建立起植物安全屏障，对阻断病原微生物传播、净化空气和防暑降温都有一定的作用。

3. 合理布局

生产、管理和生活区应严格分开，在管理区和生产区之间要设置消毒通道。运送饲料道路与粪尿污物运送道要分开。饲料加工间应建在全场上风头，粪尿池、堆粪处和毁尸坑要建在生产区外，处于下风地。粪尿沟尽量走向舍外，粪尿集中处理。

（二）引种隔离

对新引进兔群要进行至少2周以上的隔离观察，隔离观察期间应每天注意查看兔的精神、食欲等状况，发现有病的兔应立即从兔群中挑出，隔离。经2周以上隔离观察的健康兔进行必要免疫后，方可进入生产区。隔离场的工作人员仅在隔离场工作，不能进入正常生产区与其他兔接触。

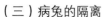

（三）病兔的隔离

隔离病兔是防治传染病发生后继续扩散的重要措施之一。通过隔离病兔能很好地控制传染源，缩小疫情发生范围。发现病兔后，若数量较少，可将病兔转入隔离舍，且专人饲养，严加护理和观察、治疗。同时对粪污、所用用具以及可能接触过的物品进行彻底消毒。如果场内只有少数几只家兔患病，为了迅速扑灭疫病，可以采取扑杀病兔的方式。如果病兔数量多，就将病兔集中隔离在原来的兔舍内，进行严格的消毒，专人饲养和治疗。

五、定期驱虫

定期驱虫具有消灭传染源，防止病源扩散和治疗病兔的双重意义。因此，应在春秋两季进行全群驱虫。丙硫咪唑具有高效低毒、广谱的特点，是春秋驱虫的首选药物，可以驱除线虫、绦虫、绦虫蚴和吸虫。同时，仔兔最易暴发兔球虫病，死亡率高，应重点预防，以提高仔兔成活率。仔兔从断奶到 3 月龄止，每日服用氯苯胍 1 片，可以收到良好的预防效果。另外，兔螨病是危害养兔业的严重寄生虫病，预防和根治此病比较困难，因兔不耐药浴，只能通过定期全面普查，发现病兔及时治疗，才能有效地防止该病的发生。

但大群驱虫时应注意三点：①使用驱虫药剂量要准确；②用药后对兔群进行严格观察，出现副作用的病兔及时解救；③驱虫同时要加强粪便的无害化处理，防止病源扩散。

第五节　兔场饮用水的卫生要求及
防止污染的措施

一、家兔饮水的卫生要求

水是家兔不可缺少的营养成分，在养分的消化吸收、代谢废物的排泄、血液循环和调节体温等方面起着重要的作用。因此，为保证家兔健康,人类肉食品的卫生安全,家兔饮用水一定要足量和符合畜禽饮用水的卫生要求(NY5027—2008)。

二、防止饮水污染的措施

(一)兔舍建筑设计合理

兔舍要建筑在地势高燥、排水方便、水质良好,远离居民区、工厂和其他畜牧场,特别要远离屠宰场、肉类和畜产品加工厂。大型兔场可自建深水井和水塔,深层地下水经过地层的渗滤作用,又属于封闭性水源,水质水量稳定,受污染的机会很少。

(二)注意保护水源

经常巡察、掌握水源周边或上游有无污染情况,水源附近不得建厕所、粪池、垃圾堆、污水坑等,井水水源周围30米、江河水取水点周围20米、湖泊等水源周围30~50米范围内应划为卫生防护地带,四周不得有普任何污染源。兔舍与井水水源间应保持30米以上的距离,最易造成水源污染的区域和病兔舍、化粪池或堆肥场更应远离水源地;化粪池应做无害化处理,排放时防止流入或渗进饮水水源。

(三)做好饮水卫生

经常清洗饮水用具,保持饮水器(槽)清洁卫生,最好用乳头式饮水器代替槽式或塔式饮水器,尽量饮用新鲜水,陈旧水应及时弃掉。饮水中应加入适当的消毒药,以杀灭水中的病原微生物。

(四)定期检测水样

定期取样检查饮水,饮水污染严重时,要查找原因,及时解决。

(五)做好饮水的净化与消毒处理

1. 净化

当水源水质较差,不符合饮水卫生标准时,需要进行净化处理。地面水一般水质较差,需经沉淀、过滤和消毒处理。地面水源常含有泥沙、悬浮物、病原微生物等,在水流减慢或静止时,泥沙、悬浮物等靠重力逐渐下沉,但水中细小的悬浮物,特别是胶体微粒因带有负电荷,相互排斥不易沉降。因此,必须添加混凝剂,混凝剂溶于水中可形成带正电的胶粒，可吸附水中带负电荷的胶粒及细小悬浮物，形成大的胶状物沉淀。这种胶状物吸附能力强，可吸附水中大量的悬浮物和细菌等一起沉降，这就是水的沉淀处理。

2. 消毒

经沉淀过滤处理后，水中微生物数量大大减少，但其中仍会存在一些病原微生物，为防止疾病通过饮水传播，还必须进行消毒处理。消毒的方法很多，其中加氯消毒法，投资少，效果好，比较常采用。氯在水中形成次氯酸，次氯酸可进入菌体，破坏细菌的糖代谢而使其致死。加氯消毒效果与水的 pH 值、浑浊度、水温、加氯量及接触时间有关。大型集中式给水，可用液氯配成水溶液加入水中；小型集中式给水或分散式给水，多采用漂白粉消毒。住建部发布的数据显示，我国自来水出厂水合格率从 58% 上升到 83%，但仍有 17% 的不合格名单。

（六）做好污水处理与排放工作

兔场卫生防疫产生的污水必须经过严格消毒后，方可排放。兔舍冲洗清洁产生的污水要在场外，通过水的自净作用（沉降、逸散、日光照射、有机物分解等）和无害化处理后，方可排放。

第六节　饲料卫生安全与控制

一、家兔精饲料质量安全控制

随着工业饲料每年超越 GDP 增速的高速增长，国内饲料原料相对比较紧张，价格也在不断攀升。与此同时，自 2012 年 5 月 1 日起，新《饲料和饲料添加剂管理条例》正式实施，国家进一步提高了饲料原料的使用要求和规范，并对添加剂和药物做出了许多限制。要保证饲料的安全性，首先要保证饲料原料的质量安全控制。

（一）通过采购程序控制

目前市场上原料掺假事例屡见不鲜，掺假造假的手段、方法越来越高明，掺假的物质也越来越复杂，饲料生产企业和养殖户对此防不胜防，给饲料质量和畜禽及水产品安全带来了很大的隐患。一些大型的饲料企业购置气相、液相等仪器进行检验，技术要求高、费用大，多数中小企业难以普及运用。探讨源头的控制程序，把好原料质量关，对于有效控制饲料质量尤为重要和必要。

1. 原料采购计划和质量控制指标的制订

企业首先根据生产计划议定原料采购计划和备选供货商，制订原料质量企业控制标准和检验项目。玉米应重点控制水分、容重、霉粒比例和杂质比例；小麦控制水分、容重；糠麸控制新鲜度和蛋白质成分；豆粕重点是粗蛋白质、蛋白溶解度、尿酶活性和掺假成分；棉、菜粕重点是粗蛋白质和掺假成分；鱼粉重点是感观、粗蛋白质、真蛋白质、盐分和掺杂成分；其他动物性饲料重点是感观、粗蛋白质和微生物。

2. 供货商资质审定

备选供货企业应具备相应的生产经营资质，具备有效的营业执照，其生产、经营范围应包括饲料、添加剂等项目。非动物源性单一饲料应取得省级饲料管理部门颁发的饲料审查合格证；饲料添加剂应取得农业部颁发的生产许可证；添加剂预混合饲料应取得农业部颁发的生产许可证；动物源性原料产品应取得省饲料管理部门颁发的动物源性产品卫生合格证。

质量体系认证情况：包括 ISO 质量管理体系的认证、HACCP 认证情况等，并提供相应证书。

现场考察：对于新供货企业，采购人员应深入现场考核生产、经营条件；必要时现场取样检测。

信誉度调查：向当地饲料、工商管理部门咨询，了解企业生产、质量管理情况，索取质量抽检报告，调查客户对产品质量的反映，评估企业及产品的市场信誉度。

综合拟供货企业各方面情况，进行审定，确定是否列入供货企业。对无证、无照、管理部门挂牌督查的企业坚决排除。对新供货企业首次必须认真审定，老供货企业一般每年进行 1~2 次评审。

3.原料质量评估

对大宗原料应索取产品检测报告和合格证；饲料添加剂和添加剂预混料产品应索要产品批准文号的批件、产品执行标准、产品检验合格证和产品标签；首次采购非常规原料的应索取产品说明及相关资料，对产品安全、营养水平进行评估，必要时进行试用；重要原料和大批量原料应进行送检。

4.采购评议和协议

采购、品管、财务等部门对供货商资质、市场信誉、原料质量、同行价格进行综合分析，拟定采购方案，报送企业负责人批准。重要原料和大批量原料应每批进行，辅料应定期进行。

签订购销协议，协议应明确质量标准、数量、价格、供货时间、供货方式、付款方式、违约责任、不含国家规定禁用物品的承诺等，一批一协议。

5.供货商档案

为提高原料质量的可追溯性及稳定的供货渠道，应建立供货商的档案。主要包括：营业执照复印件；生产许可证（审查合格证）复印件；市场信誉调查记录；产品批准文号批件复印件；产品执行标准复印件；产品检验合格证；产品标签；产品检验报告复印件；报价单；协议；发货单；供货商地址、联系人、电话、传真、网址等；留存样品；现场考核记录等。一个供货商建立一本案卷。

（二）通过产品鉴别技术控制

1.饼、粕类饲料原料掺假的鉴别

（1）感官鉴别　优质大豆粕（饼）色泽新鲜一致，粕呈浅黄褐色或淡黄色，饼呈黄褐色；呈不规则的碎片状，饼呈饼状或小片状，无发酵、霉变、虫蛀及杂物；具有烤黄豆香味，无酸败、霉坏焦化等味道，无生豆味。而劣质大豆粕（饼）颜色深浅不一，加热过度颜色太深，加热不足颜色太浅；大小不均，有结块（粕），有霉变、虫蛀并有掺杂物；有霉味、焦化味或生豆臭味。

（2）显微镜鉴别　取被检大豆粕（饼）于30~50倍显微镜下

观察，如掺有棉籽饼，可见样品中散布有细短绒棉纤维，卷曲、半透明、有光泽、白色；混有少量深褐色或黑色的棉籽外壳碎片，壳厚且有韧性，在碎片断面有浅色和深褐色相交叠的色层。

（3）化学鉴别　取被检大豆粕5~10克于烧杯中，加入100毫升四氯化碳，搅拌后放置10~20分钟，大豆粕漂浮在四氯化碳表面，而沙土沉于底部。将沉淀物灰化，以稀盐酸煮沸，如有不溶物即为沙土。

取被检大豆粕（饼）3克于烧杯中，加10%盐酸20毫升，如有大量气泡产生，则样品中掺有石粉、贝壳粉。

纯豆粕粗灰分含量应≤8%，掺入大量沸石粉类物质后，粗灰分含量就会大大提高。粗灰分是饲料高温灼烧后剩余的残渣。根据灼烧后残渣的多少，可初步判定该豆粕有无掺假。

（4）容重鉴别　饲料原料中假如含有掺杂物，体积质量就会改变（变大或变小）。因此，测定体积质量也可判定豆粕有无掺假。一般纯豆粕体积质量为594.1~610.2克/升。假如超出此范围较多，说明该豆粕掺假。

2. 蛋氨酸的掺假鉴别

（1）外观鉴别　蛋氨酸是经水解或化学合成的单一氨基酸。一般呈白银或淡黄色的结晶性粉末或片状，在正常光线下有反射光发出。市场假蛋氨酸多呈粉末状，颜色多为纯白色或浅白色，正常光线下没有反射光或只有零星反射光发出。

（2）手感鉴别　蛋氨酸手感油腻，无粗糙感觉；而掺假蛋氨酸一般手感粗糙，不油腻。

（3）气味、口味鉴别　蛋氨酸具有较浓的腥臭味，近闻刺鼻，口尝有少许甜味；而掺假蛋氨酸味较淡或有其他气味。

（4）pH试纸法　蛋氨酸灼烧产生的烟为碱性气体，有特殊臭味，可使湿的广泛试纸变蓝色；假的灼烧往往无烟（如用石粉、石膏粉冒充时），或者产生的烟使湿的广泛试纸变红（如用淀粉冒充时）。

（5）溶解法　蛋氨酸易溶于稀盐酸和稀氢氧化钠,略难溶于水,难溶于乙醇，不溶于乙醚。取约 5 克样品用 100 毫升蒸馏水溶解，摇动数次，2~3 分钟后，溶液清亮无沉淀，则样品是蛋氨酸；如溶液混浊或有沉淀则样品不是蛋氨酸或是掺假蛋氨酸。

（6）掺入植物成分的检查　蛋氨酸的纯度达 98.5% 以上且不含植物成分；而许多掺假蛋氨酸含有大量面粉或其他植物成分。检验方法如下：取样品约 5 克加 100 毫升蒸馏水溶解，然后滴加碘——碘化钾溶液，边滴边晃动，此时溶液仍为无色，则该样品中没有面粉中其他植物成分，是真正蛋氨酸；如果溶液变为蓝色，说明该样品中含有面粉或其他植物成分，是掺假蛋氨酸。

（7）颜色反应鉴别　取约 0.5 克样品加入 20 毫升硫酸铜硫酸饱和溶液，如果溶液呈黄色，则样品是真蛋氨酸；如果溶液无色或呈其他颜色，样品是假蛋氨酸。

3. 赖氨酸的掺假检查

赖氨酸属高价原料，掺假情况较为严重，掺假的材料基本同蛋氨酸掺假的材料一样。

（1）外观鉴别　赖氨酸为灰白色或淡褐色的小颗粒或粉末，较均匀，无味或稍有酸味。假冒赖氨酸色泽异常，气味不正，个别有氨水刺激味或芳香气味，手感较粗糙，口味不正，具有杂样涩感。

（2）溶解度检验　取少量样品加入 100 毫升水中，搅拌 5 分钟后静置，能完全溶解无沉淀物为真品，若有沉淀或漂浮物，即为掺假和假冒产品。

（3）pH 试纸法　赖氨酸燃烧产生的烟为碱性气体，并散发出一种难闻的气味，可使湿的广泛试纸变蓝色；掺假的赖氨酸燃烧往往无烟（如用石粉、石膏粉冒充时），或者产生的烟使湿的广泛试纸变红（如用淀粉假代时）。

（4）颜色反应鉴别　取样品 0.1~0.5 克，溶于 100 毫升水中，取上液 5 毫升加入 1 毫升 0.1% 茚三酮溶液，加热 3~5 分钟，再加水 20 毫升，静置 15 分钟，溶液呈红紫色即为真品，否则为假品。

（5）掺入植物成分的检查　取样品 5 克，加 100 毫升蒸馏水溶解，然后滴加 1% 碘 – 碘化钾溶液 1 毫升，边滴边晃动，此时溶液仍为无色，则该样品中没有植物性淀粉存在，即为真赖氨酸；如溶液变为蓝色，则说明该样品中含有淀粉，为掺假的赖氨酸。

（6）掺入碳酸盐的检查　称取约1克样品置于100毫升烧杯中，加入1：2盐酸溶液20毫升，如样品有大量气泡冒出，说明其掺有大量碳酸盐，如无则为真赖氨酸。

（三）通过仓储管理控制

1. 验货入库

原料入库时应认真核对原料品名、规格、数量、重量；生产日期、供货单位、生产单位、包装、标签等，应与供货协议一致，原料包装完好无损，无受潮、虫蛀，并作详细登记。分区、分类、分期码放，留足物流通道。未检验的标示待检原料；检验合格后改标可使用原料（绿牌）和暂不发原料（黄牌），不合格原料标示禁用（红牌），并及时出库。

入库原料水分含量应在安全线以下。如散装堆贮，堆厚不应超过3米，且每隔2米设一通气孔；袋装堆贮时，垛高可达3米，垛与垛之间留一行人小道，以便检查温度和防止自燃。在拿取原料时，要从一端取用；动物性饲料及化工合成的原料，应开启一袋用完一袋，如一时用不完，应将袋口扎严，使其不透气。

对流散性强而干燥的大宗原料，一般采用圆桶仓贮藏。在原料水分高于14%，相对湿度大于80%，气温高于30℃的持续高温天气下，应每天测定圆桶仓的料温。对于原料水分含量在14%以下的原料，在天气干燥晴朗时，应每周鼓风1~2次；原料水分在14%以上时，应天天鼓风；在相对湿度高于80%的阴雨天气，应禁止鼓风。原料水分过高、仓储时间较长、气温渐高的季节，应及时倒仓处理，以降低原料水分含量。

露天存放处的箱装、袋装原料，存放位置应平坦而高于地平面，以便于排水、运输和消防。其地面应为具防潮层的水泥地板，必要时应加托盘或垫以帆布，堆放原料后应加盖防雨帆布或架设顶棚，以防止雨淋、风蚀等。

对于部分结块、发热、有轻微异味的原料可立即进行散热处理，有条件的应进行挤压膨化处理；对于已经有轻度霉变的饲料原料，在使用时可添加专用的霉菌毒素吸附剂或添加一定量沸石粉、黏土等进行毒素的吸附。必要时可根据水分与季节，添加一定量的在"允许使用添加剂目录"中的防霉剂，防止霉变和滋生虫害。如果霉变严重则应坚决不用。

2.检验、留样

对原料进行抽检，检验项目根据企业制订的原料质量控制要求进行。每批原料样品留存，妥善保管，并作详细登记，以备溯源。

3.仓库管理

设置货位卡，包括：品种、供货单位、进货日期、进货数量、出库时间、数量、生产单位和检验结果等信息，标识明显。遵循先进先出、后进后出的原则发货。发货时核对发货单：品种、数量。定期检查：防潮、防鼠、防鸟、防污染，发现异常及时上报评估；超出保质期的原料须检验评估后再使用；有毒性的原料须要双人管理。建立原料库存明细台账。

4.原料的贮藏管理

原料库地面和墙壁应作防潮处理，夏季库温在30℃以下，相对湿度不超过75%，并应通风干燥、隔热、无鼠洞，避免光照，不漏雨。

玉米中含有较多的不饱和脂肪酸，加工成粉状后，容易腐败变质，不能长久储存，若想长期保存，应尽量以原粮的形式贮藏。

米糠中含有较多的不饱和脂肪酸，容易腐败变质，应新鲜使用。花生饼、蚕蛹、肉粉、肉骨粉、鱼粉等蛋白质原料，因含有较多的脂肪，夏秋季节易腐败变质，也不耐贮藏，必须新鲜使用。尤其是花生饼最容易寄生黄曲霉菌，产生黄曲霉毒素，既能危害动物，又会通过畜产品等影响人的健康，还有诱发癌症的危险。蚕蛹、肉粉、肉骨粉、鱼粉等动物性饲料，如果保存不当，极易被肉毒梭菌和沙门氏菌污染，动物采食后会引起细菌毒素中毒。豆腐渣、粉渣含水量很大，在夏秋季节容易发酵变质，须新鲜使用；要想延长保存时间，应将其晒干后贮藏。另外，豆腐渣中含有抗胰蛋白酶，可产生致甲状腺肿的物质、皂素和血凝集素等不良物质，影响其适口性和消化率，不宜生喂，必须煮熟后使用。

因为稳定性不好，大部分饲料在长时间保存后，会丧失一部分维生素，因此，饲料贮藏时间不要太长。同样道理，一些饲料添加剂也不能长期保存，如在 25℃ 环境中保存 2 年，维生素 B_6 会丧失 10%，维生素 B_{12} 会丧失 5%；在 35℃ 环境中保存 2 年，维生素 B_6 会丧失 25%，维生素 B_{12} 会丧失 60%。所以，这些饲料添加剂要尽量现购现用。

（四）通过合理使用饲料药物添加剂控制

1. 严格执行有关法律法规

在生产含有药物饲料添加剂的饲料产品时，必须严格执行《饲料药物添加剂使用规范》，按法规要求，根据对象选用抗病原活性强、化学性质稳定、毒性低、安全范围大，而无致突变、致畸变及致癌变等副作用的抗生素；严格控制使用剂量，保证使用效果，防止不良反应；认真执行《饲料标签》标准的规定，在产品标签上必须标注"含有药物饲料添加剂"字样；标明所添加药物的法定名称、准确含量、配伍禁忌、停药期及其他注意事项。

2. 药物添加剂必须要预先制成预混剂，再添加到饲料中使用

同一种饲料产品中尽量避免多种药物合用，确要复合使用时，应遵循药物的配伍原则，并且药物在使用一段时间后，应作变更，以减少长期使用同种药物对畜禽造成耐药性。

3. 加药饲料和不加药饲料分开生产

在生产加工饲料过程中，应将加药饲料和不加药饲料分开生产，以免污染不加药饲料。在加药饲料的生产过程中，对药物的添加要加强管理，专人负责药物添加，有详细的加药记录；注意经常校正计量装置，称量准确；注意清理生产系统的残留物，以防止物料的相互污染。

二、肉兔饲草产品卫生质量控制

饲草产品是用于生产绿色畜产品的一类重要家畜饲料，特别是

肉兔的饲草。饲草产品中的有毒有害物质（如霉菌、农药残留等）经过家畜食用残留在肉类或牛奶中，降低畜产品品质，危及婴幼儿等人体健康和生命安全。因此，草产品卫生质量安全事关食品安全，事关人体健康和生命安全。

（一）饲草产品的污染来源

1.重金属污染

饲草生产地环境受到重金属严重污染，如土壤、灌溉水和空气中的铅、砷、汞、氟等有害物质含量较高，超过了相关标准的规定，牧草在生长过程中会吸收这些有害物质并残留在植物体内，致使饲草产品中的有害物质超标，发生重金属等的污染。

2.农药残留

饲草生长过程中，需经常施用除草剂清除杂草，喷施农药防制病虫害。由于滥用农药、使用禁用农药、在农药安全间隔期内刈割饲草等，致使饲草产品中农药残留超过了规定的限量。

3.黄曲霉毒素等污染

饲草产品在干燥、加工和贮藏过程中，由于水分含量较高，为微生物繁殖创造条件，霉菌和细菌等微生物大量繁殖，产生黄曲霉毒素等有毒有害物质。家畜食用这些被污染的饲草产品，不仅诱发多种疾病甚至死亡，而且严重影响畜产品品质，危及人类的健康和生命。

4.饲草产品中添加违禁物质

饲草产品的种类有草捆、草粉、草颗粒、草块、草饼、叶粒和叶蛋白等。为牟取经济利益，不法厂商会人为在饲草产品生产过程中加入一些禁止添加的物质，如三聚氰胺、药物、抗生素等，危害家兔健康和兔肉产品质量安全。

5.饲草产品中存在植物性有毒有害物质

如亚硝酸盐、氢氰酸等。

（二）加强饲草产品质量安全监管的必要性

饲草产品生产是畜产品生产的源头。饲草产品质量安全是畜产品质量安全的第一道关口。重视饲草产品质量安全，加强饲草产品质量监管，提高饲草产品质量安全水平，具有重要的意义。我国多年来重视饲草产品质量安全，开展了饲草产品质量管理工作。颁布实施了《饲料及饲料添加剂管理条例》，对饲料（包括草产品）中允许添加的化学物质做出了明确的规定。颁布了饲料中重金属、微生物、其他有毒有害物质等多项检测方法标准，建立了饲料中有毒有害物质检测方法标准。颁布实施了饲料卫生国家标准，规定了饲料（包括饲料原料）中有毒有害物质的限量。农业部发布实施了饲料中三聚氰胺的测定标准，规定了饲料中三聚氰胺的最低限量和测定方法。《饲草产品质量安全生产技术规范行业标准》已实施多年，要严格执行。

早在 2005 年，我国饲料行业就启动了 HACCP 管理（危害因素分析和关键点控制），提高饲料质量安全管理水平。

HACCP 是以预防为主的质量保障办法，其核心是消除可能在饲料生产过程中发生的安全危害，最大限度减少饲料生产的风险，避免了单纯依靠最终产品检验进行质量控制所产生的弊端。这是一种经济高效的质量控制办法。

国家制定了饲草种植地环境质量标准，规范了农产品产地环境条件。实施土壤质量标准、灌溉用水质量标准、空气质量标准、放射物质限量标准、施用肥料标准等，有力地保障了饲草产品质量安全。

农业部发布了禁止使用或限制使用的高毒农药和除草剂公告，制定了绿色食品中严禁使用剧毒、高毒、高残留或具有三致毒性（致癌、致畸、致突变）的农药标准。国家颁布了农药安全使用系列标准，制定了农产品中农药最高残留限量及其检测方法标准，明确规定了农药的使用方法、安全间隔期、检测方法和最高残留限量，保障饲草产品质量安全。

国际组织或国外也重视饲草质量安全，把它列入食品安全的范围。

国际食品法典委员会（CAC）将饲料纳入了食品分类系统，将饲草产品单独归为一类——初级饲料，实行计算机管理。规定了苜蓿草、大麦草、燕麦草、玉米饲草、高粱饲草、水稻秸秆、小麦秸秆等饲草产品中有毒有害物质的最大残留限量。

德国等欧盟国家对 57 种农药规定了在植物性饲料中的最高允许量。尤其对黑麦草等用量较大的牧草制定了农药残留的最高限量。对牧草中的有毒有害植物和重金属含量制定了限量标准，超出限量标准则禁止使用。

日本制定了 40 种农药在干牧草中的残留限量标准，并规定了牧草中的重金属等有毒物质的限量。

提高饲草产品质量安全生产意识，控制危及饲草产品质量安全的隐患，加强饲草质量监督管理，生产绿色无公害的饲草产品，才能更好地保证畜产品质量安全，维护社会的稳定。

（三）无公害牧草的质量安全控制

因牧草的种类施肥：不同种类的牧草，吸收硝酸盐程度不同，收获前 20~30 天应停止施用。

春冬牧草少施氮：春冬光照弱，容易积累硝酸盐，应不施或少施氮肥；夏秋牧草生长季节气温高，含硝酸少，可适量施用一些氮肥。

高肥牧草地应禁用氮肥：低肥牧草地，牧草积累硝酸盐较少，可施氮肥、有机肥培肥地力；富含腐殖质的土壤，牧草的硝酸盐含量高，应禁施氮肥。

不施硝态肥：硝酸钠、硝酸钾、硝酸钙及含硝态氮的复合化肥，容易使牧草积累硝酸盐，不宜施用。尿素、碳酸氢铵、硫酸铵、铵态氮，都应控制其用量，使用时一定要深施盖土。

氮肥深施盖土：深施在土壤 15~18 厘米，这样硝化作用缓慢，肥料利用率高，可减少牧草对硝酸盐的积累。

控制氮肥的用量：牧草中硝酸盐积累随施肥量的增加而提高，亩（667 米^2）施肥量应控制在标氮 25 千克以内，60%~70% 用作基肥全层施下，30%~40% 用作苗肥深施。氮肥要早施，苗期施氮肥最好，有利于牧草早发、快长，有利于降低硝酸盐积累。

重施有机肥：有机肥应经高温堆沤腐熟，杀死病菌、虫卵后施用，这样有机肥就不会导致牧草硝酸盐污染，不仅品质好，而且耐贮存。沼气废渣液肥效高，经常施用病虫少，可减少农药用量，提高牧草产量。用沼气渣生产的牧草，是最佳的无公害牧草。

茎叶用牧草类不能叶面施肥：叶面喷施直接与空气接触，铵离子易变成硝酸根离子被叶片吸收，硝酸盐积累增加，又不耐贮存。

控制污水淋灌：污水会污染牧草。凡是被氯、砷、锡、锌等污染后的废水严禁淋、灌牧草。城市生活污水应做无害化处理，杀死病菌、虫卵并与清水混合后才能使用，最好在早晚气温较低时进行。

第三章
◀◀◀ 兔场的免疫 ▶▶▶

第一节　制定科学的免疫程序

免疫是动物体的一种生理功能，动物体依靠这种功能识别"自己"和"非己"成分，从而破坏和排斥进入机体的抗原物质，或动物体本身所产生的损伤细胞等，以保持动物体的健康。免疫是当前防控动物疫病的有效手段，是避免和减少动物疫情发生的关键。

免疫程序是指养殖户根据当地疫情、家兔体质状况（主要是指母源或后天获得的抗体消长情况）以及现有疫（菌）苗的性能等实际情况，为使家兔机体获得稳定的免疫力，选用适当的疫苗，安排在适当的时间给家兔进行免疫接种的预防接种计划。一个地区、一个养殖场户可能会发生多种兔病，而可以用来预防这些疫病的疫苗性质又不尽相同，免疫期长短不一，因此需要根据各种疫苗的免疫特性合理地制定免疫接种的剂量、接种时间、接种次数和间隔时间。

没有一个一成不变、放之四海而皆准的通用免疫程序。免疫程序是动态的，随着季节、气候、疫病流行情况、生产过程的变化而改变。虽然可以参照他人的成功经验，但不能生搬硬套、照搬照抄。因此，在制定一个免疫程序时，必须根据本场兔子疫病实际发生情况，考虑兔场所在地区的疫病流行特点，结合兔群的种类、年龄、饲养管理、母源抗体的干扰以及疫苗的性质、类型和免疫途径等各方面因素和免疫监测结果，制定适合本场的免疫程序。

一、制定免疫程序时应考虑的因素

（一）免疫的目的

不同用途、不同代次的家兔，其免疫要达到的目的是不同的，所选用的疫苗及免疫次数也不尽相同。

（二）疫病流行情况及严重程度

家兔疫病的种类多、流行快、分布广，养殖场户在制定免疫程序时，首先应考虑当地家兔流行情况和严重程度，以及该兔场已发生过什么病、发病日龄、发病频率及发病批次，依此确定疫苗的种类和免疫时机。一般情况下，常发病、多发病而且有疫苗可以预防的疾病，应该重点进行免疫，而本地区、本场从未发生过的疫病或尚未证实发生的新流行疾病，即使有疫苗，也应该慎重免疫，必须证明确实已受到严重威胁时才进行免疫接种。

（三）母源抗体的干扰

家兔体内存在的抗体根据来源可分为两大类：一类是先天所得，即通过种兔免疫传递给后代的母源抗体；另一类是通过后天免疫产生的抗体。

母源抗体的被动免疫对新生仔兔来说十分重要，然而对疫苗的接种也带来一定的影响。免疫程序的关键是排除母源抗体干扰，确定合适的首免日龄。最好选定在仔兔持有的母源抗体不会影响疫苗的免疫效果而又能防御病毒感染的期间，即母源抗体为 1 ：（8~64）时。如在母源抗体效价尚高时接种疫苗，即会被母源抗体中和掉部分弱毒，阻碍疫苗弱毒的复制，仔兔就不能产生坚强的主动免疫力。因此，当母源抗体水平高且均匀时，推迟首免时间；当母源抗体水平低时，首免时间提前；当母源抗体水平不均匀时，需要通过加大免疫剂量使所有家兔均获得良好的免疫应答。

家兔体内的抗体水平与免疫效果有直接关系，一般免疫应选在抗体水平到达临界线时进行。但是抗体水平一般难以估计，有条件的场户可以通过监测确定抗体水平；不具备条件的，可通过疫苗的

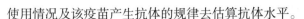

使用情况及该疫苗产生抗体的规律去估算抗体水平。

（四）疫苗的种类、特性和免疫期

疫苗一般分弱毒活苗、灭活苗或单价苗、多价苗、联苗等。各种疫苗的免疫期以及产生免疫力的时间是不相同的，设计免疫程序时应考虑各种疫苗间的配合或相互干扰，采用合理的免疫途径及疫苗类型来刺激机体产生免疫力。一般情况下，应首选毒力弱的疫苗作基础免疫，然后用毒力稍强的疫苗加强免疫。

当然，在进行加强免疫时要考虑并确定间隔时间。有人认为免疫次数越多，间隔时间越短越好，但是如果引起免疫耐受，反而达不到效果，因此同类疫苗重复免疫，最短时间不能少于 14 天。

（五）免疫方法

设计免疫程序时应考虑疫苗的免疫方法，正规疫苗生产厂家提供的产品都附有使用说明，免疫应根据使用说明进行。一般活苗采用饮水、喷雾、滴鼻、点眼、注射免疫，灭活苗则需要肌内注射或皮下注射。合理的免疫途径可以刺激机体尽快产生免疫力，而不合适的免疫途径则可能会导致免疫失败，如油乳剂灭活苗不能进行饮水、喷雾免疫，否则易造成严重呼吸道或消化道障碍。同一种疫苗用不同的免疫途径所获得的免疫效果也不一样。

（六）家兔的生长阶段

家兔在不同生长阶段进行不同疫苗的免疫接种，包括所使用的疫苗种类、疫苗接种量以及疫苗免疫方法等都有不同。

（七）季节因素

有些疫病的发病有一定的季节性和阶段性，制定免疫程序时，应根据这些疫病的发病季节特点，既要避免疫苗浪费和减少人工，又要达到较好的免疫效果。

（八）免疫效果

一个免疫程序在应用一段时间后，免疫效果可能会变得不再那么理想，要根据免疫抗体的监测情况和生产成绩适当进行调整，使免疫更科学、更合理。养殖场户每半年要进行一次免疫抗体的检测，以便评估免疫效果，并合理调整免疫程序。一般超过 70% 以上的家兔抗体水平是合格的，也说明这种疫苗具有理想的保护力。

二、兔场参考免疫程序

（一）仔兔和幼兔免疫程序

参考表3-1。

表3-1　仔兔和幼兔参考免疫程序

日期	疫苗种类	剂量（毫升/只）	免疫途径
25~28日龄	大肠杆菌病多价疫苗	2	皮下注射
30~35日龄	巴波二联疫苗	2	皮下注射
40~45日龄	兔病毒性出血症（兔瘟）灭活疫苗	2	皮下注射
50~55日龄	魏氏梭菌病灭活疫苗	2	皮下注射
60~65日龄	兔瘟灭活疫苗	1	皮下注射

（二）中成兔免疫程序

参考表3-2。

表3-2　中成兔参考免疫程序

日期	疫苗种类	剂量（毫升/只）	免疫途径
3月10日和9月10日	兔瘟灭活疫苗	2	皮下注射
1、4、7、10月份	巴波二联疫苗	2	皮下注射
3月25日和9月25日	伊维菌素	按体重	皮下注射
4月10日和10月10日	大肠杆菌病多价疫苗	2	皮下注射
2月10日和9月10日	兔葡萄球菌病灭活疫苗	2	皮下注射
2月20日和9月20日	兔魏氏梭菌病灭活疫苗	2	皮下注射

1.商品肉兔（90日龄以下出栏）免疫程序

参考表3-3。

表3-3　90日龄以下出栏商品肉兔参考免疫程序

免疫日龄	疫苗名称	剂量（毫升/只）	免疫途径
35~40日龄	兔瘟、多杀性巴氏杆菌病二联灭活疫苗或兔瘟灭活疫苗	2	皮下注射

2.商品肉兔（90日龄以上出栏）、獭兔、毛兔免疫程序

参考表3-4。

表3-4　90日龄以上出栏商品肉兔、獭兔、毛兔参考免疫程序

免疫日龄	疫苗名称	剂量（毫升/只）	免疫途径
35~40日龄	兔瘟、多杀性巴氏杆菌病二联灭活疫苗	2	皮下注射
60~65日龄	兔瘟、多杀性巴氏杆菌病二联灭活疫苗或兔瘟灭活疫苗	1	皮下注射

（三）繁殖母兔种公兔（每年2次定期免疫，间隔6个月）免疫程序

参考表3-5。

表3-5　繁殖母兔、种公兔参考免疫程序

定期免疫	免疫病种	疫苗种类	免疫剂量（毫升/只）	免疫途径
第一次	兔瘟	兔瘟灭活苗	1	皮下注射
	兔瘟、多杀性巴氏杆菌	兔瘟、多杀性巴氏杆菌病二联灭活疫苗	2	皮下注射
	兔瘟、多杀性巴氏杆菌、产气荚膜梭菌病（魏氏梭菌病）	兔瘟、多杀性巴氏杆菌病、产气荚膜梭菌病（魏氏梭菌病）三联灭活疫苗	2	皮下注射

（续表）

定期免疫	免疫病种	疫苗种类	免疫剂量（毫升/只）	免疫途径
第一次	家兔产气荚膜梭菌病（魏氏梭菌病）	家兔产气荚膜梭菌病（魏氏梭菌病）A型灭活疫苗	2	皮下注射
间隔6个月第二次	兔瘟	兔瘟灭活苗	1	皮下注射
	兔瘟、多杀性巴氏杆菌病	兔瘟、多杀性巴氏杆菌病二联灭活疫苗	2	皮下注射
	兔瘟、多杀性巴氏杆菌病、产气荚膜梭菌病（魏氏梭菌病）	兔瘟、多杀性巴氏杆菌病、产气荚膜梭菌病（魏氏梭菌病）三联灭活疫苗	2	皮下注射
	产气荚膜梭菌病（魏氏梭菌病）	产气荚膜梭菌病（魏氏梭菌病）A型灭活疫苗	2	皮下注射

注：定期免疫时，各种疫苗注射间隔5~7天。

（四）种公兔（每年2次定期免疫，间隔6个月）、产毛兔免疫程序

参考表3-6。

表3-6　种公兔、产毛兔参考免疫程序

定期免疫	免疫病种	疫苗种类	免疫剂量（毫升/只）	免疫途径
第一次	兔病毒性出血症、多杀性巴氏杆菌病	兔病毒性出血症、多杀性巴氏杆菌病二联灭活疫苗	1	皮下注射
	产气荚膜梭菌病（魏氏梭菌病）	家兔产气荚膜梭菌病（魏氏梭菌病）A型灭活疫苗	2	皮下注射

（续表）

定期免疫	免疫病种	疫苗种类	免疫剂量（毫升/只）	免疫途径
第二次	兔瘟、多杀性巴氏杆菌病	兔瘟、多杀性巴氏杆菌病二联灭活疫苗	1	皮下注射
	产气荚膜梭菌病（魏氏梭菌病）	家兔产气荚膜梭菌病（魏氏梭菌病）A型灭活疫苗	2	皮下注射

注：定期免疫时，各种疫苗注射间隔5~7天。

（五）家兔（不分类）免疫程序

参考表3-7。

表3-7　家兔不分类参考免疫程序

免疫日龄	免疫病种	疫苗种类	免疫方法	免疫剂量（毫升/只）	备注
20~25	大肠杆菌病	多价灭活苗	皮下注射	2	可断奶好加强免疫2毫升
30~35	多杀性巴氏杆菌病、波氏杆菌病	二联灭活苗	皮下注射	2	
40~45	兔瘟首次免疫	灭活苗	皮下注射	1	之后每年春秋两季各免疫1次
60	兔瘟二免	灭活苗	皮下注射	2	
50~55	产气荚膜梭（A）型灭菌病活苗		皮下注射	2	
断奶后和每年春秋	产气荚膜梭菌病	（A）型灭活苗	皮下注射	2	常发兔场每年2次
母兔配种前	乳腺炎	灭活苗	皮下注射	3	常发兔场每每年2~3次

第二节　家兔常用疫苗的应用

一、兔用主要疫（菌）苗及其使用方法

（一）兔常用疫苗

兔的疫苗可分为单苗和联苗。兔常用的单苗有兔瘟灭活疫苗、巴氏杆菌灭活菌疫苗、波氏杆菌灭活菌疫苗、魏氏梭菌（A型）氢氧化铝灭活菌疫苗、伪结核灭活菌疫苗、大肠杆菌多价灭活菌疫苗和沙门氏杆菌病灭活菌疫苗等。兔常用的二联疫苗有瘟-魏二联疫苗、巴-魏二联疫苗、瘟-巴二联疫苗、呼吸道病二联疫苗等。兔常用的三联疫苗有兔瘟-巴氏-魏氏三联疫苗和兔瘟-大肠-魏氏三联疫苗等。

兔常用疫苗见表3-8。

表3-8　兔常用疫苗

名称	免疫期	保存	建议用法
兔瘟灭活疫苗（氢氧化铝甲醛苗）	6个月	2~8℃阴凉处一年	35~40日龄初免2毫升（联苗2毫升）；后隔6个月接种一次
兔瘟蜂胶灭活疫苗	6个月	2~8℃阴凉处一年	35~40日龄初免1毫升，60~70日龄加强免疫1毫升（联苗2毫升）；后6个月一次
兔多杀性巴氏杆菌灭活苗	4~6个月	2~15℃阴凉处一年	断奶后一周皮下注射1毫升，4~6个月一次（可用巴波二联苗）
兔瘟、巴氏杆菌病二联灭活疫苗	6个月	2~15℃阴凉处一年	皮下注射1~2毫升，每6个月一次

（续表）

名称	免疫期	保存	建议用法
兔魏氏梭菌病 A 型灭活疫苗	同上	2~8℃ 阴暗处 一年	幼兔 67 日龄皮下注射 2 毫升，每 6 个月免疫一次，可用单苗或瘟 – 巴 – 魏三联苗
兔大肠杆菌病 多价灭活疫苗	同上	同上	断奶前 1 周皮下注射 2 毫升，每 6 个月免疫一次，可用单苗或瘟 – 巴 – 魏三联苗
兔克雷伯氏菌 下痢病灭活疫 苗	同上	2~15℃ 阴凉处 一年	幼兔断奶时皮下注射 2 毫升
兔葡萄球菌病 灭活疫苗	同上	同上	预防本病菌引起的母兔乳房炎、仔兔黄尿病、脚皮炎等母兔于配种前后皮下注射 2 毫升，每 6 个月一次
兔波氏杆菌病 灭活疫苗	同上	同上	幼兔 52 日龄皮下注射 2 毫升，每 6 个月一次，可用单苗或巴波二联苗
兔巴氏杆菌病、 波氏杆菌病二 联灭活疫苗	同上	同上	皮下注射 2 毫升，每 6 个月一次
兔瘟 – 巴 – 魏 三联灭活苗	同上	2~8℃ 阴暗处 一年	皮下注射 2 毫升，每 6 个月一次

（二）预防接种

不同地区、不同类型的兔场免疫程序不同。免疫程序的制定首先要考虑当地疾病流行情况，才能决定需要接种何种疫苗，达到什么样的免疫水平。

1. 单苗的使用

（1）兔瘟灭活疫苗　预防的疾病是兔病毒性出血症。1 月龄进行初次免疫，2 月龄进行 2 次免疫，剂量 1 毫升，以后每隔半年免疫 1 次，5 天左右产生免疫力。一般初免、二免用单联疫苗，以后可用二联或三联疫苗，免疫期是半年。

（2）大肠杆菌多价灭活菌疫苗　预防的疾病是大肠杆菌病。仔兔20日龄进行首免，皮下注射1毫升，仔兔断奶后再免疫1次，皮下注射2毫升，1星期后产生免疫力，每兔每年注射2次，免疫期为半年。

（3）魏氏梭菌（A型）氢氧化铝灭活菌疫苗　预防的疾病是魏氏梭菌病。仔兔断奶后即皮下注射2毫升，1星期后产生免疫力，每年注射2次，可维持半年的免疫期。

（4）波氏杆菌灭活菌疫苗　预防的疾病是兔波氏杆菌病。母兔配种时注射，仔兔断奶前1星期注射，以后每隔半年皮下注射1毫升，1星期后产生免疫力，每年注射2次，免疫期为半年。

（5）巴氏杆菌灭活菌疫苗　预防的疾病是巴氏杆菌。仔兔断奶后免疫，皮下注射1毫升，1星期后产生免疫力，每年注射3次，可维持半年的免疫期。

（6）伪结核灭活菌疫苗　预防的疾病是伪结核耶尔新氏杆菌苗。1月龄以上兔皮下注射1毫升，1星期后产生免疫力，每年注射2次，可维持半年的免疫期。

（7）葡萄球菌灭活菌疫苗　预防的疾病是葡萄球菌病，注射2毫升（兔·年），1星期后产生免疫力，免疫期为半年。

（8）沙门氏杆菌病灭活菌疫苗　预防的疾病是沙门氏杆菌病。妊娠初期及1月龄以上的兔，皮下注射1毫升，1星期后产生免疫力，每年注射2次，免疫期为半年。

（9）克雷伯氏菌灭活菌疫苗　预防的疾病克雷伯氏菌病。仔兔20日龄进行首免，皮下注射1毫升，仔兔断奶后再免疫1次，皮下注射2毫升，每年注射2次，免疫期是半年。

　2．二联疫苗的使用

（1）巴－瘟二联疫苗　预防的疾病是巴氏杆菌病和兔瘟。青、成年兔每兔皮下注射1毫升，1星期后产生免疫力，每年注射2次，一般不作兔瘟初次免疫。兔瘟、巴氏杆菌病免疫期半年。

（2）呼吸道病二联疫苗　预防的疾病是巴氏杆菌病、波氏杆菌

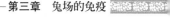

病。怀孕初期及 1 月龄以上的兔，皮下注射 2 毫升，1 星期后产生免疫力，每年注射 2 次，免疫期为半年。

（3）瘟－魏二联疫苗　预防的疾病是兔瘟、魏氏梭菌病。断奶龄以上兔，皮下注射 1.5 毫升，1 星期后产生免疫力，每年注射 2 次／兔，免疫期为半年。

（4）巴－魏二联疫苗　预防的疾病是魏氏梭菌病、巴氏杆菌病。1 月龄以上兔，皮注 2 毫升，1 星期后产生免疫力，每年注射 2 次，免疫期为半年。

3. 三联疫苗的使用

（1）兔瘟－大肠－魏氏三联疫苗　预防的疾病是兔瘟、大肠杆菌病和魏氏梭菌病。育成兔、成年兔每兔皮下注射 2 毫升，1 星期后产生免疫力，每年注射 2 次，但不宜作初次免疫，免疫期为半年。

（2）兔瘟－魏氏－巴氏三联疫苗　预防的疾病是兔瘟、魏氏梭菌病和巴氏杆菌病。育成兔、成年兔每兔皮下注射 2 毫升，1 星期后产生免疫力，每年注射 2 次，但不宜作为初次免疫。免疫期为兔瘟半年，巴氏杆菌病 4~6 个月，魏氏梭菌病半年。

（三）紧急接种

紧急接种是在发生传染病时，为了快速扑灭疫情，对疫群、疫区和受威胁区域尚未发病的兔群进行应急性免疫接种。在疫区内使用兔瘟、魏氏梭菌、巴氏杆菌、支气管败血波氏杆菌等疫（菌）苗进行紧急接种，对控制和扑灭疫病具有重要作用。紧急接种除使用疫（菌）苗外，也常用免疫血清。免疫血清虽然安全有效，但常因用量大、价格高、免疫期短，大群使用往往供不应求，目前在生产上很少使用。发生疫病作紧急接种使用疫苗时，必须对已受传染威胁的兔群逐只检查，并对正常无病的兔进行紧急接种。紧急接种时，必须防止针头、器械的再污染，尤其在病兔群接种，必须一兔一针，并注意注射部位的消毒。

二、疫苗的保存与使用

（一）保存

1.贮藏温度

目前市场上销售的兔用疫苗都是灭活疫苗。灭活疫苗长期保存必须放在冷藏箱内，温度在 2~8℃。温度过高容易使疫苗的免疫效力下降，保存时间变短。灭活疫苗结冰同样也会使疫苗的免疫效力下降，有时比短期内的高温更严重。原因是结冰后疫苗中佐剂的作用被破坏。短期内的高温对于灭活疫苗来说不是很严重，因为灭活疫苗中的抗原已是死的，免疫效力下降的速度较慢，主要是抗原自然降解。而活疫苗的抗原是活的，一旦活的抗原死掉一部分，抗原量不足的话，就不能保证疫苗的免疫效力。

2.用药及消毒

灭活疫苗的抗原是死的，使用疫苗期间用药及消毒是不会影响免疫效果的。但使用活疫苗时，用药及消毒会杀死活疫苗中的细菌或病毒，使活疫苗的免疫效果降低或丧失。但注射疫苗期间，对免疫有抑制作用的药物不得使用，如氯霉素类。

3.有效期

有人认为疫苗越新鲜越好，看起来是对的，实际上正规厂按国家标准生产的疫苗，在保质期内都是有效的，但必须在适当的温度下保存。一般疫苗生产后有一个质量检验的过程，大概需要一个月的时间，有时候需要两个多月。倘若用户买到的疫苗离生产日期仅有 10~15 天，那么该疫苗就没有经过检验，质量不能保证，有时会产生严重的后果。在生产实践中，灭活疫苗只要保存得当，物理性状良好，即使有效期已到（1 个月以内），使用也是有效的。如不放心，可以适当增加用量。

（二）疫苗的正确使用

影响免疫效果甚至导致免疫失败，除疫苗本身的质量以外，疫苗的保管与使用不当也是重要原因。

1. 保存方法

大部分疫苗最适宜的保存条件是：温度2~8℃，冷暗，干燥，注意防霉。高温（35℃以上）和冷冻（2℃以下）都会导致疫苗变性失效而不能使用。

2. 运输方法

疫苗在运输途中，要避免阳光直射和高温，冬季要防冻（结冰）。夏、冬两季运送疫苗应用泡沫箱，夏天最好在箱内加放冰块。

3. 计划防疫

规模化兔场应制定全年的防疫计划和免疫程序，并根据兔场的生产规模采购疫苗。

4. 做好接种准备工作

注射用具如针头、注射器、镊子等应先消毒备用；酒精棉球应在48小时前制备，消毒用酒精浓度为75%（取99%的纯酒精100毫升加蒸馏水或冷开水32毫升摇匀即可）；组织好直接参与接种工作（保定兔子，注射和记录）的人员等。最好一兔一只针头，皮肤消毒要认真，以免造成人为感染。

5. 注意事项

使用前应仔细阅读使用书和瓶签上的使用说明，观察疫苗瓶有无破裂、霉斑和异物，封口是否完整；抽取疫苗液时尽量摇匀；疫苗开封后应尽可能当次用完，如用不完则须用酒精消毒瓶塞后用蜡或胶布封闭胶塞针孔。

在每一次兔群要注射疫苗前，应先用3~4只兔作免疫注射预备试验，接种后观察一周，如无异常则可进行全群免疫注射（紧急预防接种有在此例）。凡体温升高或精神异常的病兔，怀孕后期的母兔均暂不注射疫苗，待病兔痊愈或产后及时补防；接种后要加强对兔群的观察，一般有一天左右的减食等反应，若出现强烈反应或并发症时，应及时给予对症治疗。

第三节　免疫接种的注意事项及接种后的观察

一、免疫接种的注意事项

免疫接种是预防各种动物疫病所采取的综合性防控措施中十分关键的环节，定期搞好预防接种是控制传染病流行的重要措施，必须遵守免疫程序，认真做好各类疾病的预防接种工作，对慢性消耗性及外科疾病等没有疫苗可预防的，主要采取淘汰病兔、净化兔群措施。

在免疫接种工作中，由于用法、用量或选择疫苗的种类不合适，往往出现一些失误，造成免疫效果差甚至无效。免疫接种时应注意以下几个问题。

1. 免疫时间的确定

首次免疫时间要根据母源抗体的高低及养兔场户场地的污染情况、家兔本身的健康状况（注意疫病隐性带毒或非典型发病的情况）、疫苗的品种、免疫持续时间等而定。

2. 注意家兔的健康状况

为了保证家兔的安全和接种效果，疫苗接种前，应了解家兔近期饮食、排泄等健康状况，必要时可对个别家兔进行体温测量和临床检查。只有健康家兔才能接种；凡是精神、食欲、体温不正常的、有病的、体质瘦弱的、幼小的、年老体弱的等有免疫接种禁忌症的家兔，均不予接种或暂缓接种。孕前期、孕后期的家兔，不宜接种或暂缓接种。

应了解当地有无疫病流行，若发现疫情，则首先应安排对疾病进行紧急防疫，如无特殊疫病流行则按原计划进行定期预防接种。

3. 选择适宜的疫苗

疫苗质量直接关系到免疫接种的效果，对疫苗的采购要做好统一计划和安排，根据生产情况，要做到疫苗提前到位，并按疫苗的保存要求贮放。要避免在酷暑和寒冬购买疫苗。在选择疫苗时，一定要选择经过政府招标采购的疫苗或通过《药品生产质量管理规范》（GMP）认证的厂家生产的、有批准文号的疫苗，不要在一些非法经营单位购买，以免买进伪劣产品。

4.注意无菌操作

（1）器械消毒 免疫注射过程应严格消毒，注射器应洗净，煮沸，针头应勤更换，更不得一把注射器混用多种疫苗。吸取疫苗时，针头应勤更换，绝不能用已给家兔注射过的针头吸取，可用一灭菌针头，插在瓶塞上不拔出、裹以挤干的75%酒精棉球专供吸附用，吸出的疫苗液不能再回注瓶内。吸取疫苗前，先除去封口的胶蜡，并用75%酒精棉球擦净消毒。

（2）注射部位消毒 注射部位用2%碘酊或75%酒精消毒，消毒时应逆毛消毒。

（3）更换针头 一兔一针头是理想的免疫操作状态，可有效地避免交叉污染，特别是紧急免疫或场内家兔有隐性感染疫病的情况时，至关重要。但家兔个体小，一兔一针头操作起来比较繁琐，实际生产中很难全面推行。所以，要掌握同一养兔场的家兔，根据实际情况勤换针头的原则就可以了。

5.接种前后慎用药物

在免疫接种前后一周，不要用抑制免疫应答的药物；对于弱毒菌苗，在免疫前后一周不要使用抗菌药物；口服疫苗前后2小时禁止饲喂酒糟、抗生素渣（如林可霉素渣、土霉素渣等）、发酵饲料，以免影响免疫效果。但必要时在允许的情况下，可使用水溶性多维、电解维他、维生素C以防止应激反应，一般免疫前后各使用2~3天。在进行灭活疫苗或病毒病的弱毒疫苗注射免疫时，也可考虑在饮水中添加预防性的抗菌药物。

6.做好免疫接种记录

养兔场户或免疫接种操作人员必须严格按照要求，做好免疫接种记录，建立免疫档案。免疫档案作为养殖档案的重要组成部分，每个群体都要采用专页记录，记录的内容有：养兔场户名称、地址、联系电话、基本免疫程序（以上可以为扉页）、家兔日龄、数量、免疫病种、疫苗名称、疫苗的来源、生产厂家、批次、接种时间、接种剂量、接种操作人签名、在备注栏说明家兔的健康状况等，同时记录免疫不良反应情况、添加多维或使用抗菌药物等情况。

二、疫苗接种后的观察

疫苗免疫接种后，要加强饲养管理，减少应激，密切注意兔群反应。特别应注意观察接种部位，如出现化脓，一定要立即把表面的结痂去掉，清除伤口处的脓汁，涂上碘酊或者紫药水。然后打针消炎，可以打头孢曲松钠或林可霉素。对反应严重的或发生过敏反应的，可注射肾上腺素抢救。注意家兔的应激反应，遇到不可避免的应激时，可在饮水中加入抗应激剂，如水溶性多维、维生素 C 等，能有效缓解和降低各种应激反应，增强免疫效果。防疫员应在注射疫苗后 1 周内逐日观察家兔的精神状况、食欲和饮水、大小便、体温等的变化，发现问题，及时处理。

第四节　免疫效果的监测与评价

一、影响免疫效果的因素

（一）疫苗因素

疫苗是对兔群实施免疫接种用的生物制品，也是兔群对某一种传染病产生免疫力的起动剂。因此，疫苗是影响免疫效果的一个关键性因素。

1. 疫苗的质量

疫苗的质量直接关系到免疫接种的成败，劣质的疫苗是不能起到好的免疫效果的，因此，应选择和购买高质量的疫苗进行免疫接种。建议购买疫苗时，最好到当地县级动物防疫部门进行选购。

2.疫苗的保存

疫苗的保存也是一项很重要的工作，各类疫苗均有相应的贮藏温度和保存条件，若疫苗保存不当，常常会导致疫苗效能降低，甚至失效。在疫苗的购买运输过程中，也应按要求进行低温运输。

3.疫苗的使用

疫苗使用不当，也会影响免疫接种效果，因此，应严格按照各类疫苗的免疫接种方法、接种部位、使用剂量、疫苗的稀释方法等进行使用，并遵守疫苗接种的注意事项。疫苗注射时，尽量使用7号或9号针头；疫苗开瓶后，应在2小时内用完，不能抽取部分后再贮藏起来，供下次免疫时使用，这样第二次免疫不仅收不到效果，还将引起疫病发生。

4.疫苗免疫程序

免疫程序的制定在兔病免疫防制中是相当重要的一环，合理的免疫程序以及按程序准时免疫接种是取得良好免疫效果的基础。健康兔，建议断奶时用兔二联或三联苗初免，一个月后进行一次加强免疫，留作种用的，以后每半年免疫一次，发病兔场根据具体情况进行。

（二）环境因素

环境因素包括兔舍的温度、湿度、通风以及环境的清洁状况、消毒等。由于动物机体的免疫功能在一定程度上受到神经、体液、内分泌的调节。因此，兔群处于应激状态下，如过冷、过热、兔舍内通风不良、潮湿、周围噪声过大等，均会导致兔群的免疫反应能力下降，疫苗接种后达不到相应的免疫效果。环境的清洁对免疫防制工作也是十分重要的。如不进行消毒，环境很脏，有利于病原微生物的生长繁殖，同时产生大量的有害气体，使兔群的免疫系统受到抑制，影响免疫效果。

（三）遗传因素

免疫遗传学的知识告诉我们，动物机体对疫苗接种的免疫反应在一定程度上是受到遗传控制的。因此，不同品种的兔对疾病的易感性、抵抗力和对疫苗免疫的反应能力都有差异，即使同一品种不同个体之间用同一疫苗的免疫接种，其免疫反应强弱也有差异。

（四）兔群体况

兔群的营养状况也是影响疫苗免疫接种效果的一个重要因素，健康兔群的免疫应答能力较高。如兔群营养较差，胖瘦、大小不均，或有疾病时，进行免疫接种就达不到应有的免疫效果，表现为抗体水平低下或参差不齐，对强毒感染保护率低，抗体不能维持足够长的时间。如果兔群已经感染兔瘟、巴氏杆菌等病原，注射疫苗后也可引起部分兔只死亡。

（五）药物因素

有许多药物能够干扰免疫应答，如某些抗生素、抗球虫药、肾上腺皮质激素等，消毒剂和抗病毒药物能够破坏灭活疫苗的抗原性。因此，在免疫的前后 3 天不能使用消毒药、抗生素、抗球虫药和抗病毒药。

在免疫接种时在饲料中添加双倍量的多种维生素，可有效提高兔群的免疫应答。

二、免疫抗体监测

对于传染性强、危害性大的疾病，要加强预防，而接种疫苗是目前主要措施之一，可是疫苗免疫效果往往受到多种因素的影响，如疫苗质量、接种方法、家兔个体差异、免疫前是否感染某种疾病、免疫接种时间以及环境因素等。因此，在群体接种疫苗前后对抗体水平的监测十分必要。

免疫抗体监测常用方法有血凝抑制试验，即利用已知的兔瘟病毒的凝集抗原，检查兔体血清中的抗体水平，验证疫苗接种效果。在 V 形孔微量滴定板上，将已知阳性血清、待检血清和阴性血清经 56℃、30 分钟灭活后，分别做 1：10、1：20 等 2 倍连续稀释，加入已知的病毒凝集抗原，混合后在室温下作用 1~2 小时，再加入 1% 人的 O 型红细胞悬浮液，置室温下，30 分钟观察 1 次，1 小时后记录结果。以能完全抑制红细胞凝集的血清最高稀释度为该血清的血凝抑制效价。

三、家兔免疫效果的评价

对家兔进行疫苗接种的目的是提高家兔对疫病的抗病能力。但是，免疫后到底效果如何，就需要进行评价。免疫效果评价的方法主要包括动物流行病学方法、血清学方法和人工攻毒试验。

（一）流行病学评价

通过对免疫动物和非免疫动物的生长表现、生产性能、病死率等临床指标进行广泛的调查统计，进行统计分析比较，评价疫苗的免疫效果。常用的免疫效果评价指标包括：

效果指标 = 对照组患病率 / 免疫组患病率

保护率 =（对照组患病率 – 免疫组患病率）/ 免疫组患病率

当效果指数 <2 或保护率 <50% 时，则认为该疫苗免疫无效。

（二）血清学评价

利用血清学方法检测体内抗体含量，以某种传染病发生时保护性抗体的最低值（保护性抗体临界值）作为依据进行免疫效果评价。经常应用的评价指标是抗体的转阳率和抗体的平均滴度。抗体转阳率（是指被接种动物免疫接种后抗体转为阳性者所占的比例）是衡量疫苗接种效果的重要指标之一。如兔瘟组织灭活苗的免疫效果，以免疫 14 天后，抗体阳性转化率 70% 为合格。另外，也可通过测定免疫动物群血清抗体的平均滴度，比较接种前后滴度升高的幅度及其持续时间，来评价疫苗的免疫效果。如果接种 14 天后的平均抗体滴度比接种前升高 4 倍以上，即认为免疫效果良好；如果小于 4 倍，则认为免疫效果不佳或需要重新进行免疫接种。另外，更直观的方法是检查免疫后 14~21 天达到免疫保护临界值的血清样品占总样品的百分比，70% 的动物在免疫保护临界值以上，即可认为免疫是合格的，可以有效抵御野毒的攻击和侵袭。

对保护期内的家兔，每月进行一次抗体检测，绘制抗体曲线图，家兔在免疫期内的抗体效价在保护线之上，认为免疫效果较好，如兔瘟疫苗免疫后 3 个月，70% 的家兔血清中抗体滴度达到 2^6 以上，即可认为免疫效果好。

（三）攻毒试验

在疫苗研制中，经常需要对免疫动物进行攻毒试验以确定保护率、开始产生免疫力的时间、免疫保护期和保护抗体临界值等指标，用以评价疫苗的免疫效果，并制定其免疫程序。

四、家兔免疫失败的原因

（一）购买质量不合格的疫苗

购买疫苗渠道不正规或图便宜，而购买了劣质疫苗，使免疫失败。一般场家生产的疫苗多存在抗原浓度不足的现象，特别是多联苗，对抗原浓度要求很高，常规的生产方法难以达到质量要求。抗原浓度不足，疫苗的免疫效力就差。另外，还有一些非法生产者生产的疫苗，其产品以生产兔瘟苗及其联苗的为最多。他们生产工艺差，生产的疫苗不仅不合格，而且还往往根据销售商的需要，将兔瘟单苗贴上兔瘟－巴氏二联苗，兔瘟－魏氏二联苗，兔瘟－巴氏－魏氏三联苗标签销售给用户。甚至有些所谓的疫苗，其中只有一些抗菌药物。试想用这样的疫苗防病，当然不会有好的防疫效果。为此，购买家兔疫苗一定要到当地专门经营疫苗的动物防疫站，或直接到正规生产场家购买，千万不能为贪图便宜而购买劣质疫苗，以免因小失大。注意：对每批次疫苗接种前，都要先小范围试验，给10只左右的兔注射，能确定确实安全时再大批量接种。

（二）购买疫苗后贮存方法不当而致疫苗品质下降

购买疫苗后，在运输、保存时，如不能按要求进行贮存，则会使疫苗品质下降，甚至失效。现有兔用疫苗都是灭活苗，灭活苗虽然不像活疫苗在较高温度下很快失效，但长期保存也必须保存在合适的温度条件下。长期保存温度是2~8℃，可存放在冰箱冷藏室中，保存期多为1年；短期保存也应尽可能放在避光、阴凉处，25℃度以下避光，可保存1~2个月。没有好的保存条件，购买疫苗时一次购买不要过多，以免使用效果下降。另外，兔用灭活疫苗保存也不能冷冻，否则会导致疫苗的免疫效力下降。因此，结冰后的兔用灭活疫苗最好不要使用，或可加大用量，作为短期预防用。此外，超过保质期的疫苗最好不要使用，以免发生免疫失败。购买疫苗时，尽量使疫苗生产的日期与你使用疫苗的日期相接近，最好是用出厂3个月以内的疫苗。若购买方便时，最好随买随用。邮购的最好3个月内用完。

（三）疫苗选择不当

流行的疾病与免疫接种的疫苗血清型或亚型不相吻合，致使家兔机体内对流行的传染病没有产生相应的抗体，不能保护机体不发病。如血清型较多的传染病——大肠杆菌病，血清型有O128、O85、O119、O18、O28等。最好选用本场病料制做的疫苗，或查清流行病的血清型，选用与本地流行毒株相对应的血清型疫苗，或选用多价苗。

（四）免疫程序不合理

1.生搬硬套别的场家或资料上的免疫程序

由于各养殖场的地理位置、环境状况及免疫对象的品种、日龄和疫苗类型等因素不尽相同，免疫程序就应有所不同。除兔瘟的免疫程序和日龄不宜更动，其他疫苗使用疫苗前，均应首先掌握本地区传染病的流行情况，疫病史及家兔的抗体水平等，在传染病流行季节前1~2个月，参照有关专家或其他场家的免疫程序，根据养殖场自身的特点、具体情况及各种疫苗的特性，会同有经验的兽医师制定出适合本场的免疫程序。

2.对疫苗的抗病期限缺乏正确认识

在给成年家兔免疫后，兔群中已产生了相应抗体并维持在保护水平时，为了保险，往往在没隔多久又打一次疫苗，造成多次免疫。这时新注射的疫苗抗原和体内的相应抗体中和了，使抗体水平下降，反而易感。

3.初免时间掌握不好

一是防疫过早，如果仔兔在30日龄时进行兔瘟免疫，因其免疫系统尚不健全，免疫应答比较差，再加上母源抗体又未完全消失，一部分母源抗体可中和一部分疫苗的抗体。二是防疫过晚，又会造成未免时已感染，错过免疫最佳时间。所以，对仔兔接种兔瘟疫苗要求在 40~45 日龄首免，待到 60 日龄时再加强免疫 1 次，直到 6 月龄再免疫注射。其他疫苗多在断乳 1 周接种。

（五）疫苗用量不当

生产中部分养兔者误认为免疫剂量越高免疫效果越好，其实接种过量疫苗不仅浪费，而且当疫苗量超过一定限度时，反而会抑制家兔抗体的形成，引起机体的免疫麻痹。而疫苗剂量低于一定限度，也达不到应有的免疫效果。具体疫苗用量也并非总是成龄用量比幼龄大，如：30~40 日龄幼兔对兔瘟灭活疫苗免疫反应与成年兔不同，按常规注射 1 毫升兔瘟灭活疫苗，成年兔可以达到 6 个月的保护期，而 30~40 日龄的幼兔不能产生有效的免疫力或维持时间很短。很多人对此并不了解，误认为大兔打 1 毫升，小兔只要打 0.5 毫升，结果小兔打了疫苗后仍会发病。试验结果表明，30~40 日龄幼兔注射兔瘟苗 1 毫升仍不能产生较强的免疫保护力，而注射 2 毫升才有较好的保护作用，但不能长时间的维持，还必须在 60~65 日龄再加强免疫 1 次，每兔注射 1 毫升，以保证有 6 个月的免疫期，成年兔每年注射 2 次即可。

（六）注射疫苗时操作不当

1. 消毒不严

注射时器械、衣物、用具及接种部位消毒不严格，一针多兔等，会使免疫接种成了带毒传播，反而会引发疫病流行或局部感染化脓、溃破，抗原及佐剂流失，使疫苗免疫效果下降。因此，接种时，一定要严格消毒，且要避免一针多兔。消毒严格并非是消毒液越多越好，消毒液蘸得太多沿针孔渗入与疫苗相混，影响免疫效果。

2. 注射部位及方法不对

现在所用的疫苗多为皮下接种，而有的用户将疫苗肌内注射，且注射深浅度又掌握不好，或注射时出现"飞针"、注射器漏液等，造成疫苗未注入体内或注入剂量不准，使疫苗免疫效果下降。另外，兔用灭活疫苗多为混悬液，静置后会很快沉淀，下沉的部分主要是抗原，如不混匀的话，各兔注射的抗原量多少不一，会出现同批兔免疫效果部分好、部分差。因此，注射过程中要经常摇动瓶子，保持其中的液体均匀一致，并且注射时要保定好家兔，严格按要求进行操作。 注意小兔群养接种时，要做好标记，否则易出现漏打或重免现象。

（七）注射疫苗前后使用了能杀灭疫苗的药物

有些养兔户为了预防兔应激，在注射疫苗后添加大量的抗菌药物，或在防疫前后大搞消毒，降低了疫苗的免疫效力，致使兔群免疫力减弱。因为，抗生素能抑制产生抗体的 B 细胞的生成，降低机体的免疫应答能力，影响免疫效果。因此，使用菌苗前后 1 周内要禁用抗生素类药物或含有抗生素类药的饲料或添加剂，也不能喷洒消毒药。

（八）应激反应影响免疫效果

动物的免疫功能在一定程度上是受机体的神经、体液和内分泌调节的，在环境过冷过热、温差过大、通风不良、运输、转群、分窝和患病等因素影响下，肾上腺皮质激素增加，对产生抗体的细胞都有抑制作用。在这种应激反应敏感期时接种疫苗，就会减弱其免疫能力。而接种疫苗本身对动物来说就是一种应激刺激，会产生相应的应激反应。所以，注射疫苗时要避开应激反应敏感期，加强饲养管理，确保防疫效果。

（九）饲养管理不当，导致家兔体质不好影响免疫效果

据研究证明，当机体缺乏维生素、蛋白质、微量元素时都会影响免疫效果。养兔时若日常饲养管理不好，使家兔营养缺乏，兔群整体状况不佳，免疫注射效果也不会很好。而且接种疫苗时有的兔子本身就已经发病或处在疾病潜伏期，接种后反而会导致家兔死亡或激发发病，即使不发病，免疫效果也不理想。因此，要想免疫效果好，就要加强饲养管理，做好事清洁卫生、消毒等工作，增强兔体自身的抗病力，不仅有利于对主要传染病的免疫预防，也有利于抵抗其他疾病的发生，降低发病率，提高成活率，显著地提高经济效益。

第四章
◄◄◄ 兔病的综合防控措施 ►►►

第一节　兔病的药物预防

　　有目的、有计划地对兔群应用药物进行预防和治疗是兔病综合防治的措施之一。尤其在疫病流行季节之前或流行初期，将安全、广谱、价廉、有效的药物加入到饲料或饮水中，往往可收到事半功倍的效果。

一、常用药物及分类

　　家兔常用药物的使用方法见表4-1。

表4-1　家兔常用药物

类别	药物名称	适用病症	剂型	用法用量	注意事项及不良反应
β-内酰胺类	青霉素	兔葡萄球菌病、乳房炎、脚皮炎等	注射用青霉素钠；注射用青霉素钾	肌内注射，每千克体重3万~4万单位，每天2次，连用3天	溶于水后不稳定，很快水解，现用现配。不良反应除局部刺激外，主要是过敏反应

（续表）

类别	药物名称	适用病症	剂型	用法用量	注意事项及不良反应
β-内酰胺类	氨苄西林	大肠杆菌、巴氏杆菌、沙门氏菌、葡萄球菌等	注射用氨苄西林钠	肌内注射，每千克体重15毫克，每天2次，连用3天	注意事项及不良反应同青霉素
	阿莫西林	巴氏杆菌、大肠杆菌、沙门氏菌、葡萄球菌和链球菌病等	阿莫西林可溶性粉；注射用阿莫西林钠	阿莫西林可溶性粉：每升水加60毫克（以阿莫西林计算），连用3~5天；注射用阿莫西林钠：每千克体重15毫克，每天2次，连用3~5天	
氨基糖苷类	硫酸链霉素	兔多杀性巴氏杆菌、大肠杆菌、沙门氏菌，呼吸道疾病等	注射用硫酸链霉素	肌内注射，每千克体重10~15毫克，每天2次，连用2~3天	对氨基糖苷类过敏的兔禁用，常与青霉素联合使用，不良反应主要有过敏反应、神经肌肉的阻断作用
	硫酸庆大霉素	同硫酸链霉素	硫酸庆大霉素注射液	肌内注射，每千克体重3~5毫克，每天2次，连用2~3天；口服，每千克体重5~10毫克，每天2次	不要与β-内酰胺类药物在体外混合，不良反应同链霉素相似，对肾脏有较严重的损害作用

（续表）

类别	药物名称	适用病症	剂型	用法用量	注意事项及不良反应
氨基糖苷类	硫酸新霉素	革兰氏阴性菌导致的消化道疾病	片剂；可溶性粉；预混剂	片剂：内服，每千克体重10~20毫克，每天2次，连用2~3天；可溶性粉：混饮，每升水加50~75毫克，连用3~5天。预混料：每吨饲料加77~154克，连用3~5天；（均以新霉素计算）	新霉素在氨基糖苷类中毒性最大，易引起肾和耳毒性
	恩拉霉素	葡萄球菌病、魏氏梭菌病和腹胀病等	预混剂	混料，每吨饲料加10~20克（以恩拉霉素计算），连用1~2周	
多肽类	硫酸黏菌素	大肠杆菌、沙门氏菌等导致的消化道疾病，巴氏杆菌病和绿脓杆菌感染	可溶性粉；预混剂	可溶性分：混饮，每升水加40~200毫克，连用3~5天。预混剂：拌料，每吨饲料加2~40克，连用3~5天（均以黏菌素计算）	避免连续用药1周以上和超剂量应用
四环素类	土霉素	兔大肠杆菌、沙门氏菌、巴氏杆菌、波氏杆菌病、子宫内膜炎等疾病	土霉素注射液	肌内注射，每千克体重5~10毫克，每天2次，连用3天	兔不宜内服，不良反应主要有局部刺激、二重感染等

（续表）

类别	药物名称	适用病症	剂型	用法用量	注意事项及不良反应
磺胺类	磺胺氯吡嗪	兔球虫病	磺胺氯吡嗪钠可溶性粉	口服：每千克体重10毫克，连用5~10天；拌料：每吨饲料2000克，连用3天；混饮：每升水1克，连用3天	注意充分饮水，以增加尿量，促进排出，不良反应主要有急性中毒和慢性中毒
	磺胺脒	兔细菌性肠炎、腹泻等疾病	磺胺脒片	内服，每千克体重100~200毫克，每天2次，连用3~5天	不良反应同磺胺氯吡嗪
	磺胺间甲氧嘧啶	兔沙门氏菌病、巴氏杆菌病、葡萄球菌病、球虫病、弓形虫病等	磺胺间甲氧嘧啶片	片剂：口服，每千克体重首次量50~100毫克，维持量25~50毫克，每天2次，连用3~5天	不良反应同磺胺氯吡嗪
喹诺酮类	恩诺沙星	兔大肠杆菌病、沙门氏菌病、巴氏杆菌病、葡萄球菌病、波氏杆菌病等	恩诺沙星可溶性粉；恩诺沙星溶液；恩诺沙星片；恩诺沙星注射液	可溶性粉和溶液：混饮，每升水加50~75毫克，连用3~5天；片剂：内服，每千克体重2.5~5毫克，每天2次，连用3~5天；注射液：肌内注射，每千克体重2.5~5毫克，每天2次，连用2~3天	

（续表）

类别	药物名称	适用病症	剂型	用法用量	注意事项及不良反应
酰胺醇类	氟苯尼考	巴氏杆菌和波氏杆菌引起的呼吸道病，沙门氏菌、大肠杆菌引起的肠道病	氟苯尼考粉；氟苯尼考溶液；氟苯尼考注射液	粉剂：内服，每千克体重20~30毫克，每天2次，连用3~5天；溶液：混饮，每升水100毫克，连用3~5天；注射液：肌内注射，每千克体重20毫克，每隔48小时1次，连用2次（均以氟苯尼考计算）	
阿维菌素类	伊维菌素	兔胃肠道各种寄生虫病和兔螨虫病	伊维菌素预混剂；伊维菌素注射液	注射液：皮下注射，每千克体重0.2毫克；预混剂：每吨饲料加2克（以伊维菌素计），连用7天	仅能采用皮下注射，肌内、静脉注射容易引起严重的中毒反应
二硝基类	氯苯胍	兔球虫病	盐酸氯苯胍片；盐酸氯苯胍预混剂	片剂：内服，每千克体重10~15毫克；预混剂：拌料，每吨饲料加150克（以氯苯胍计）	长期使用可能产生耐药性，注意轮换和交替使用
三嗪类	地克珠利	兔球虫病	地克珠利预混剂；地克珠利溶液	预混剂：拌料，每吨饲料加1克；溶液：混饮，每升水0.5~1毫克	药效期短，停药2天后作用基本消失，必须连续用药；混饮溶液稳定期短，必须现配现用

（续表）

类别	药物名称	适用病症	剂型	用法用量	注意事项及不良反应
驱绦虫药	吡喹酮	兔绦虫病和囊尾蚴病	吡喹酮片	内服，一次剂量，每千克体重 10~20 毫克	

二、家兔给药的方法

家兔给药途径和方法的不同，会直接影响到药物作用和疗效，也有可能改变药物的基本作用。临床上，根据不同疾病、病情程度及药物性质不同，需要采取不同的给药途径和给药方法。

（一）内服给药

优点是：操作简单，使用方便，适用于多种药物，尤其是治疗消化道疾病；缺点是：药物易受胃、肠内环境的影响，药量难以掌握，药效慢，吸收不完全，有些药还会对家兔胃肠道有强烈的刺激作用，容易造成家兔的不适。内服给药的方法有自行采食、口服、灌服等。

1. 自行采食

适用于毒性小、适口性好、无不良异味的药物，主要用于大规模兔群预防性给药或驱虫。按要求的添加比例将药物均匀地拌入饲料或饮水中（混水药必须易溶于水），让兔自由采食或自由饮水。

2. 口服

口服法适用于患兔食欲废绝及使用药物剂量小、有异味的片、丸剂药物。分为 3 种：一是直接喂给家兔吃；二是混合在食物中，让其自行采食；三是碾碎后用水稀释，再用注射器直接给兔子灌饲。

3. 灌服

灌服给药（图 4-1）适用于患兔食欲废绝及药量小、有异味的药物及液体性药剂。把药物碾碎加入少量水混匀,将汤匙倒执喂药,也可用注射器或滴管吸取药液,从口角缓缓灌入。

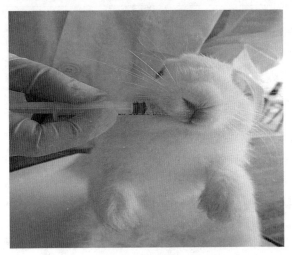

图4-1　灌服给药

（二）注射给药

注射给药药量准、吸收快、起效快、安全、节省药物,但需要掌握一定的操作技巧,把握好药品用量及做好注射器、针头、注射部位等的消毒工作。常用的注射给药方法因注射部位不同分为肌内注射、皮下注射、静脉注射、腹腔注射和气管内注射等几种。

1.肌内注射

肌内注射（图4-2）适用于多种药物的注射,但强刺激剂（如氯化钙等）不能肌内注射,通常选在肌肉丰满的臀肌和大腿内、外侧部位,局部剪毛消毒后,针头垂直于皮肤迅速刺入一定深度,回抽无回血后,缓缓注入药液,注意不要损伤血管、骨骼和神经。

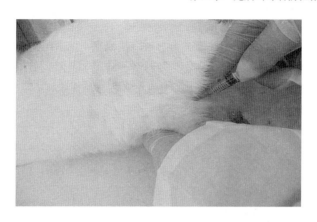

图 4-2 肌内注射

2. 皮下注射

皮下注射（图4-3）主要用于疫苗和无刺激性药物的注射，一般选择颈部、股内侧或股下皮肤松弛、易移位的部位，局部剪毛后，用70%酒精棉球或2%碘酒（碘酊）棉球消毒，左手拇指、食指和中指捏起皮肤呈三角形，右手如执笔状持注射器斜向刺入，不能垂直刺入，慢慢注入药液。

图 4-3 皮下注射

3.静脉注射

本法多用于刺激性强、不宜做肌肉或皮下注射的药物,也多用于补液,注射部位多在耳外缘静脉,静脉不明显时,可用手指弹击或用酒精棉球擦拭静脉处皮肤,直至静脉充血扩张,立即捏住耳尖,沿着耳缘静脉刺入针头。

4.腹腔注射

多在静脉注射困难或患兔心力衰竭时需要补液时选用,一般选在脐后部腹底壁,偏腹中线左侧3厘米处,剪毛消毒后,抬高兔后驱,对着脊柱方向、针头呈60°刺入腹腔,回抽注射器不见气体、液体、血液及肠内容物后可注入药物。腹腔注射所用针头不宜粗、大,并且针头刺入不宜过深,以免损伤内脏,并且一般最好在饲喂后2~3小时进行腹腔注射为宜。

5.气管内注射

适用于治疗气管、肺部疾病及肺部驱虫等,在颈上1/3下界正中线上,剪毛消毒后,垂直刺针,刺入气管后阻力消失,回抽有气体,然后慢慢注入药物。

(三)外用给药

主要用于家兔组织或器官外伤、体表消毒、皮肤真菌病和体表寄生虫的灭杀。外用给药主要有洗涤、涂擦、浇泼、点眼4种方法。

其中,洗涤用于清洗眼结膜、鼻腔及口腔等部的黏膜、污染物或感染创的创面等;涂擦用于局部感染和疥癣等的治疗;浇泼主要用于杀灭体表寄生虫;点眼用于家兔患眼疾需要治疗或进行眼球检查。外用给药应防止药物经体表吸收引起中毒反应。尤其在大规模群体用药时,应特别注意药物的毒性、用量和作用时间,必要时可分多次用药。

(四)直肠给药

直肠给药通常称之为灌肠。当发生便秘、毛球病等,内服给药效果不好时,采用直肠内灌注法。首先将药液加热至接近体温,然后将患兔侧卧保定,后躯高,用涂有润滑油的橡胶管或塑料管,经肛门插入直肠8~10厘米深,然后用注射器注入药液,捏住肛门,停留 5~10 分钟然后放开，让其自由排便。

三、兔病的日常处理程序

在做好各项工作的基础上，兔群发病率将大大下降，成活率、育成率均能达到较高的水平。但兔病还会经常发生的，并不是作了疫苗注射和药物预防就万事大吉了。发现兔病并正确处理在兔病防治及防疫工作中十分重要。

（一）及时发现，尽快处理

每天应对每只兔检查一至二次，发现疾病随即处理。耽误时间就会丧失治疗的机会，因此，兔发病后治疗得越早越好。

（二）初步判断，尽快用药

除了能作出明确判断外，如疥螨、脱毛癣、乳房炎等可采取针对性的治疗措施，而对于腹泻、发热、食欲差等病因不确定的病兔，应首先给予一定的药物治疗。对于腹泻病，可给予口服或注射抗菌药物，特别是幼兔拉稀发病较多，一般及早给予抗菌药配合其他药物能有较高的治愈率，而对于魏氏梭菌下痢及其他非细菌性下痢则另当别论。若病兔不下痢，仅见食欲不振或废食，应主要考虑肺部疾病或全身性疾病，肌内注射抗菌药物，效果较显著，一般一天用药 2 次，连续用药 3~5 天。对于传染性较强的病，如螨病、脱毛癣等，若不是新引进兔，在原兔群中发现个别病例症状明显，表明全群已被感染，应全群用药，控制流行，可减少发病率。

（三）发病死兔应作病理剖检

兔在死后应立即作剖检。检查病变主要在胸腔，还是在腹腔。肺、肝、肾、肠道等主要部位有哪些病理变化，据此作出初步判断。这样做便于积累知识和经验，对于长期从事养兔业的人来说十分重要。如遇兔群死亡率突然增高，作病理剖检能及时作出诊断，对指导疾病的防治显得更为重要。

（四）及时淘汰病残兔

一些失去治疗价值及经济价值的兔应及时淘汰。如严重的鼻炎兔、反复下痢的兔、僵兔、畸形兔以及失去繁殖能力的兔。一些病兔虽然能存活，但病又不能治愈，应尽早淘汰，以避免大量散布病原菌。有的抵抗力下降，易染疾病。

（五）正确处理病死兔

所有病死兔剖检后，如不送检，应在远离兔舍处深埋或烧毁，减少病原散播，千万不能乱扔，或给狗、猫吃。

若兔群发病死亡率突然升高，又查不出病因，没有很好的治疗办法，应尽早送新鲜病死兔到有条件的兽医部门进行诊断，以免耽误时机，造成更大损失。

第二节　家兔驱虫、杀虫与灭鼠

一、家兔驱虫

（一）药物驱虫

家兔寄生虫病较多，要有效预防寄生虫病，必须采取综合防治措施，贯彻预防为主的方针，正确使用驱虫药物。

1. 正确选用驱虫药物

选用驱虫范围广、疗效高、毒性低的驱虫药物，同时考虑经济价值。寄生虫多为混合感染，应适当配合使用驱虫药物。

2. 用药剂量要准确

驱虫药物的使用剂量一定要准确，既要防止剂量过大造成家兔药物中毒，又要达到驱虫效果。一般第一次使用驱虫药物后 7~14 天再进行第二次重复驱虫。

3. 严格把握驱虫时间

实践证明，家兔空腹投药效果好，可在清晨饲喂前投药或投药前停饲一顿。

4. 先做小群试验

进行大群驱虫和使用新药物驱虫时，先进行小群试验，注意观察家兔的反应和药效，确定家兔安全后，再全群使用。避免由于驱虫药剂量过大、用药时间过长而引起家兔中毒，甚至引起死亡。

5. 阻断传染途径

驱虫的同时，将粪便集中收集发酵处理，防止病原扩散；消灭寄生虫的传播媒介和中间宿主；加强饲养管理，消除各种致病因素。

（二）常用驱虫药物

常用驱虫药物主要有抗球虫药、抗螨虫药。

1. 抗球虫药

（1）氯苯胍 家兔球虫药，如预防每千克饲料中可加150毫克，如治疗则需加300毫克。

（2）盐霉素 主治畜禽球虫病。预防家兔球虫病，每千克饲料中添加盐霉素25毫克，治疗则加50毫克。

（3）球痢灵（二硝苯甲酰胺） 预防量为每千克饲料中添加125毫克，治疗量为每千克饲料中添加250毫克。

2. 抗螨虫药

（1）敌百虫 配成5%溶液局部涂擦，1%~3%溶液可用于药浴。

（2）溴氰菊酯 对兔螨虫有很强的驱杀作用。用棉籽油稀释1000倍液涂擦患部。

（3）氰戊菊酯 对兔螨虫有良好的杀灭作用。用水稀释2000倍液涂擦患部。

（4）阿维菌素（阿福丁） 防止兔螨病效果很好。每千克体重用0.3克口服，可预防半年。

（三）家兔常见寄生虫病的防控

1. 球虫病

兔球虫病是由艾美尔球虫属的多种球虫引起的体内寄生虫病，该病是目前家兔生产中最常见的疾病之一。临床上以仔幼兔腹泻、消瘦，严重者出现死亡为主要特征，我国将兔球虫病列为二类动物疫病。

（1）流行病学 兔是兔球虫病的唯一自然宿主。病兔、康复兔和成年隐性带虫兔是主要传染源。家兔感染球虫是由于吞食了散布在土壤、饮水、饲料、青草、笼底等外界环境中的感染性球虫卵囊而感染。消化道是本病的主要传播途径。各品种的家兔对本病都易感，一般1~3月龄幼兔感染率最高，一般感染率接近100%，发病死亡率可达50%以上，耐过兔生长发育受阻，成为僵兔，体重下降12%~27%；成年兔由于抵抗力较强，一般呈隐性感染不表现临床症状，感染后成为长期带虫者。本病一年四季均可发病，我国南方地区梅雨季节多发，北方地区多发于7—8月，呈地方性流行。养殖生产中，兔舍卫生条件差，饲养管理不严，营养不良等，都可加剧本病的发生。兔球虫寄生部位和潜伏期见表4-2。

表4-2　兔球虫感染部位和潜伏期

种　名	寄生部位	潜伏期（天）
黄艾美耳球虫	小肠、大肠	9
肠艾美耳球虫	小肠	9~10
小型艾美耳球虫	小肠	7
穿孔艾美耳球虫	小肠	5
无残艾美耳球虫	小肠	9
中型艾美耳球虫	小肠	5~6
维氏艾美耳球虫	小肠	10
盲肠艾美耳球虫	小肠	9~11
大型艾美耳球虫	小肠	7
梨型艾美耳球虫	结肠	9
斯氏艾美耳球虫	肝脏，胆管	18

（2）临床症状　根据感染球虫的种类以及寄生部位可将兔球虫分为：肠型球虫、肝型球虫和混合型球虫3种类型。

①肠型球虫。一般潜伏期为3~5天，多发生于30~60日龄仔幼兔。有的仔幼兔发病急，病程短，常突然倒地，四肢痉挛划动，头颈僵直后仰，发出惨叫，往往来不及治疗便死亡。大多数患兔主要表现为逐渐消瘦，精神沉郁，食欲下降，磨牙，有不同程度的腹

泻，有的腹泻与便秘交替。通常脱水、中毒及继发细菌感染而死。患兔死后肛门排出黄色黏液物质污染尾部。耐过兔一般生长速度缓慢，成为僵兔。

② 肝型球虫。患病兔被毛粗乱，食欲减退或废绝，精神萎靡，用手触及肝区有痛感，腹围增大，到发病后期患兔可视黏膜一般出现黄疸或苍白，病兔一般到后期都消瘦而死。肝型球虫一般病程较长，潜伏期 10 天以上。感染不严重时常无明显临床症状。

③ 混合型球虫。由寄生于肝胆和肠黏膜上皮组织的多种球虫共同引起，其症状一般表现为肠型球虫和肝型球虫两种类型的症状。混合型球虫（图 4-4）在生产中较为多见。

图 4-4　混合型球虫死亡的病兔

（3）病理变化

① 肠型球虫。该类型病变主要在肠道。小肠有充血、出血症状，剖开肠管可见肠黏膜上皮呈弥漫性针尖大小的出血点，小肠内充满气体和大量黏液，有的为酱红色内容物。病程较长的兔在小肠管壁上可见大量针头大小的白色结节（内含大量卵囊）（图 4-5、图 4-6），严重者可见化脓性坏死灶。有的患兔在结肠、盲肠处也有出血症状。

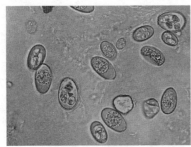

图 4-5　肠型球虫卵囊

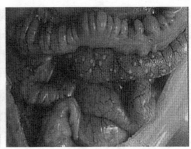

图 4-6　小肠管壁有球虫结节

②肝型球虫。其主要病变在肝及胆囊部位。肝脏肿大明显，在肝脏表面和实质常见许多淡黄色球虫结节，粟粒至豌豆大，严重的融合成片。胆囊肿大、胆汁变得浓稠（图 4-7 至图 4-10）。

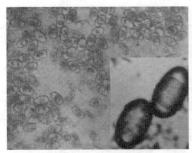

图 4-7　肝型球虫卵囊

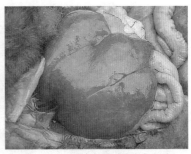

图 4-8　感染初期肝型球虫病

图 4-9　感染中期肝型球虫病

图 4-10　感染后期肝型球虫病

③ 混合型球虫。病理变化包括肠型球虫和肝型球虫两种类型的病变都不同程度出现。

（4）诊断方法　根据 1~3 月龄仔幼兔多发，出现腹泻、胀气、消瘦、磨牙，以及小肠壁上许多针头大小的灰白色结节；肝脏表面可见许多淡黄色结节等特点，可初步判断该病。确诊主要进行球虫卵的检查。可采集粪便、肠黏膜或肝结节直接涂片镜检，也可用饱和食盐水法处理粪便后镜检，发现大量球虫卵囊或裂殖体等，即可确诊。但由于兔球虫种类较多，其致病性也各不相同，目前的显微镜检查很难鉴定兔球虫虫种，因而检出球虫卵囊并不能完全指导球虫病的治疗及预防，还需结合养殖场实际情况进行综合判断。

（5）综合防制措施

① 预防措施。兔球虫病的流行范围广、感染率高，做好群体预防是关键。首先要做好平时清洁卫生和消毒措施，兔舍内要保持清洁干燥的环境，每出栏一批商品兔要对兔舍地面、背网、产仔箱、食槽等设施和用具进行彻底消毒；再者加强各阶段兔的饲养管理，兔群要实行分群饲养，避免交叉感染和传播。除以上常规防制措施外，药物预防也是关键：氯苯胍预混剂拌料，每吨饲料加 150 克（按药物有效成分计算），用药时间从补饲至 50~60 日龄；0.5% 地克珠利：每吨饲料加 200 克，用药时间从补饲至 60 日龄。家兔球虫病的防治一定要贯彻"预防为主、防重于治"的方针，用于防治的球虫药要轮换用药和穿梭用药，避免耐药性的产生，同时要严格执行各种药物的休药期。

② 治疗。氯苯胍预混剂拌料，每吨饲料加 300 克（按药物有效成分计算），同时添加维生素 K 辅助治疗，连用 1 周；0.5% 地克珠利预混剂拌料，每吨饲料加 400 克，连用 1 周；氯羟吡啶预混剂拌料，每吨饲料加 30 克（按药物有效成分计算），连用 1 周。需要注意的是，市场上出售的抗球虫药物种类较多，但多数是鸡用抗球虫药，而有的抗球虫药按照鸡的用量会引起兔中毒，如马杜拉霉素。

2. 兔螨病

兔螨病是由螨寄生于家兔体表皮肤上或皮肤内的慢性皮肤病。

临床上以引起家兔皮肤发痒、脱毛、结痂为特征，是家兔的一种常见、多发病。

（1）流行病学　本病呈世界性分布。病兔、隐性感染兔是本病的主要传染源。主要通过直接或间接接触性传播。不同品种、年龄的家兔均可感染。由于螨虫从繁殖到发育成熟需要2~3周时间，兔足螨需要的时间更长，相对而言饲养周期长的成年家兔发病率较高，仔幼兔由于饲养周期短发病率较低。本病一年四季均可发生，但在湿度较大的季节发病率更高。阴暗潮湿的圈舍比干燥、通风的圈舍更适宜螨虫存活。

图 4-11　兔体螨病原

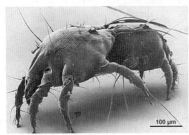
图 4-12　兔耳螨病原

图 4-13　兔毛螨病原

（2）病原与临床症状　根据螨虫寄生部位不同，螨病的病原可分为体螨（图 4-11）、耳螨（图 4-12）、毛螨（图 4-13）。

① 体螨。其病原为疥螨，主要寄生于兔脚趾、眼圈、口鼻、耳缘（图 4-14）等少毛部位。患部表现为皮肤红肿、脱毛、龟裂（图4-15），主要是由于疥螨的机械作用或分泌物造成的，若长期不治患部逐渐形成灰白色痂皮。患兔发病部位有痒感，患兔会啃咬脚趾（图 4-16），搔抓嘴、鼻、眼部位，长期不治患兔会消瘦，影响生产性能，最后衰竭而死。

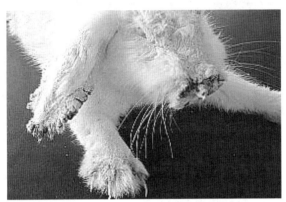

图 4-14　口鼻、耳缘等部位感染疥螨

② 耳螨。其病原为痒螨，患病部位发生在耳内。初期耳根处有红肿，随着病情的发展，患病部位向外延伸，流出的分泌物集结在一起形成一层纸卷样、粗糙、麸糠样的黄色痂皮堵塞耳道（图4-17），有的还会继发细菌感染，出现化脓性炎症。患兔常表现不安，用脚搔抓耳部。到后期痒螨进入脑部，损伤神经系统，造成斜颈症状。

 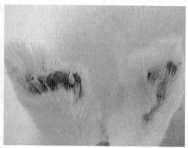

图 4-15 　脚趾感染后龟裂　　图 4-16 　感染疥螨患兔啃咬脚趾

图 4-17 　耳分泌物堵塞外耳道　图 4-18 　毛螨寄生部位的被毛脱落

③ 毛螨。其病原为毛螨，多见于长毛兔，但肉兔也有发生。主要寄生在家兔的被毛上，靠吸家兔血为生，主要造成家兔痒感，毛螨寄生部位的被毛脱落（图 4-18），影响生产性能，肉眼可见毛螨，呈淡红色，同芝麻大小，在家兔被毛上爬行。

（3）诊断方法　根据临床症状即可做出诊断。实验室检查病原可在患健部交界处，用消毒过的小刀片刮取病料，直到皮肤出现微微出血即可。将病料放载玻片上，滴加 50% 甘油或液体石蜡，在低倍显微镜下寻找虫体或虫卵。没有显微镜的，则将病料放置在黑色纸张上，用手电筒光照射或酒精灯微微加热一段时间后，用放大镜可见螨虫。

（4）综合防制措施

① 预防措施。兔舍应经常保持清洁干燥，定期消毒，定期仔

细检查兔脚趾、耳内，发现病兔立即隔离、治疗、消毒。笼底板定期替换，用消毒液或杀虫药浸泡或喷洒。杀虫药物可选用高效、无毒的氰戊菊酯溶液，稀释成0.1%~0.2%的溶液进行浸泡或喷淋。引种或购入新兔，必须从无病兔场购买，并逐只检查是否有疥螨病。做好定期药物预防工作，兔场可采用伊维菌素注射液，每千克体重0.2毫克，皮下注射；也可用伊维菌素或阿维菌素拌料口服，每3~4个月预防一次。

② 治疗。发现病兔立即隔离治疗。目前治疗家兔螨病主要采用伊维菌素，皮下注射，每千克体重0.2毫克，间隔7~10天，再注射一次。刮下的痂皮、毛等就地烧毁。无治疗价值的病兔及时淘汰。

3. 兔豆状囊尾蚴病

兔豆状囊尾蚴病是由豆状带绦虫的幼虫寄生于家兔体内引起的一种寄生虫病。本病的流行需要犬等肉食动物作为终末宿主，一般在养犬的养殖场较为多发。

（1）流行病学　兔豆状囊尾蚴病呈世界性分布，在我国家兔主产区都有不同程度的感染。犬、猫等肉食动物是本病的终末宿主，而兔是本病的中间宿主。带虫的犬、猫、狐狸以及病兔是本病的主要传染源。主要传播方式为消化道。感染成虫的犬、猫通过粪便排出虫卵孕节或虫卵污染饲料、饲草、饮水等，家兔通过食入这些被污染的饲草、饮水而感染发病。

（2）临床症状　轻度感染的家兔不会表现临床症状，只是生产性能略有下降。若感染幼虫数量较多可导致患兔生产性能明显下降，食欲增加，饲料报酬降低，生长发育变得缓慢，有的成为僵兔。发病严重的还会导致患兔出现腹胀、消化紊乱等消化系统症状，若不及时治疗，后期消瘦衰竭而死。成年兔感染一般不表现临床症状，但成为长期带虫者，成为传染源。

（3）病理变化　仔幼兔一般只有在3月龄以上的患兔才会发现囊尾蚴（图4-19）。囊尾蚴主要寄生在家兔的大网膜、肝包膜、肠系膜、直肠周围以及腹腔（图4-20）的其他部位，囊尾蚴包囊呈白色泡状，透明，大小如豌豆，有的呈串珠状似葡萄串，内充满液体，有头节。感染后期的囊尾蚴会通过胆管寄生于肝脏部位，肝表面和切面有黑红、灰白色条纹状病灶（六钩蚴在肝脏上移行留下病症），病程长的出现肝硬化。有的病例可见腹膜炎，网膜、胃肠等组织出现粘连。

 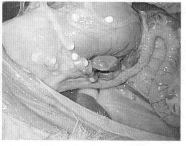

图4-19　肝脏寄生囊尾蚴　　　　图4-20　腹腔寄生大量囊尾蚴

（4）诊断方法　依靠临床症状无法诊断，通过剖检发现囊尾蚴即可确诊。

（5）综合防制措施

①预防措施。由于兔豆状囊尾蚴病必须在犬、猫等肉食动物和兔两者之间才能完成其发育，故兔场内禁止饲养犬、猫等动物是防制该病的首要措施，防止场外犬、猫进入兔场。同时病死兔、死胎等不能饲喂犬、猫，从而减少本病的人为传播。每年可对兔群进行1次药物预防性驱虫，奥芬达唑按家兔每千克体重4~10毫克拌料，一般可选择在停繁季节进行。

②治疗。发现病兔立即隔离治疗，吡喹酮片，每千克体重10~35毫克，一天1次，连用3天。

4.弓形虫病

家兔弓形虫病是由龚地弓形原虫引起的以细胞内寄生为特点的体内寄生虫疾病，该病是人畜共患病，在人畜以及野生动物之间广泛传播。

（1）流行病学　猫是弓形体病的主要传染源。病兔和其他带虫动物也是传染源。主要是通过采食了被卵囊污染的饲料、饲草、饮水等通过消化道感染，还可通过呼吸道、眼结膜、皮肤及胎盘感染。吸血昆虫和蜱也可能传播本病。终末宿主主要为猫，中间宿主包括兔、猪、牛、犬、鼠等。本病呈地方性流行，一年四季均可发病，但在春末、夏季和初秋季节发病率相对较高，不同品种、年龄阶段的家兔均可感染发病。

（2）临床症状 母兔感染后一般出现一过性体温升高，主要危害母兔的繁殖能力，导致母兔繁殖障碍，怀孕后期的母兔出现流产症状。轻微感染的一般不出现临床症状或表现出贫血、消瘦，生长发育受阻等症状。病情严重的仔幼兔早期表现为体温升高，呼吸困难，食欲减退；后期患兔精神萎靡，眼分泌物呈浆液性或黏液性，病程一般1周左右，患兔死前出现惊厥或麻痹等神经症状。

（3）病理变化 典型病例在肝脏上可见灰白色坏死灶（图4-21），渗出物为淡黄色液体；肠道有充血、出血；肠系膜淋巴结肿大、坏死；脾脏肿大（图4-22），呈黑褐色。慢性病例主要表现内脏器官肿大、坏死。病死兔胸腔和腹腔积液（图4-23）。

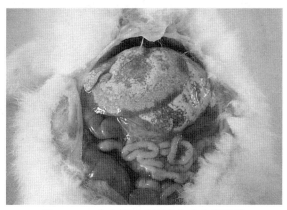

图4-21 患兔肝脏大面积灰白色坏死灶

图4-22　患兔脾脏充血、肿大

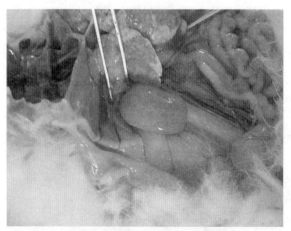

图4-23　患兔腹腔积液，呈淡黄色

　　（4）诊断方法　根据流行病学、临床症状和剖解变化只能做出初步诊断，确诊必须进行实验室诊断。采集肝脏、脾脏、淋巴结组织坏死灶或腹水等作涂片，染色镜检，发现虫体即可确诊。隐性感染的通过血清检查才能判定。

（5）综合防制措施

① 预防措施。兔场内禁止饲养猫、犬，并严防猫粪对饲料、饮水等污染；定期消毒、灭鼠。发现病兔要立即隔离治疗，同时采用2%烧碱或2%福尔马林对兔场进行严格消毒，流产胎儿及其排泄物、病死兔要深埋或焚烧等无害化处理。

② 治疗。磺胺类药物对弓形体病具有特效。复方磺胺嘧啶钠注射液，每千克体重20~30毫克，肌内注射，一天1~2次，连用2~3天；复方磺胺嘧啶预混剂（磺胺嘧啶、甲氧苄啶），按每吨饲料加100克拌料（以磺胺嘧啶计），连用3~5天；磺胺喹噁啉、二甲氧苄啶预混剂，按每吨饲料100克拌料（按磺胺喹噁啉计），连用3天。

二、兔场杀虫

昆虫类节肢动物（如蚊、蝇、蜱等）是家兔许多疫病的传播媒介，同时这些虫类的叮咬还会对家兔的生产性能产生不利影响。因此，建立完备的杀虫制度对家兔安全生产具有重要意义。生产中常用的杀虫方法如下。

（一）生物杀虫法

生物杀虫通常采用以兔场常见昆虫的天敌进行杀虫或使用激素来影响昆虫的生殖，或利用病原微生物感染昆虫使其死亡。目前，在家兔生产中，一般在昆虫繁殖季节采用排除兔场中生活、生产污水，及时清理粪便垃圾等改造养殖生产环境的方式来进行杀虫。

（二）物理杀虫法

利用高温（通常采用火焰）杀灭兔舍墙壁、用具、粪污堆积区等聚居的昆虫或虫卵。还可在兔舍内安装杀虫灯进行灯光杀虫。

（三）药物杀虫法

用于兔场杀虫的药物有很多，如有机磷杀虫剂、菊酯类杀虫剂、昆虫生长调节剂、驱避剂等。其中有机磷杀虫剂虽然杀虫效果好，但易造成家兔中毒，通常选用广谱、高效、对家兔无毒或毒性小的菊酯类杀虫剂、昆虫生长调节剂通过喷洒在环境中来杀灭昆虫。

家兔安全生产中,单依靠一种杀虫方法是难以达到有效杀灭昆虫效果,通常都将物理杀虫、生物杀虫和药物杀虫三种方法相结合一起使用。

三、兔场灭鼠

鼠类动物是家兔一些传染病病原的携带者和传播者,因此,消灭鼠类极为重要。一般来说,兔场的灭鼠工作应从两个方面进行。

首先,根据鼠类的生物学特点进行防鼠、灭鼠,从兔舍建筑和卫生环境方面着手,预防鼠类的滋生和活动。具体做法为:保持兔舍及周边环境干净,每天清扫兔舍饲料残渣,贮存饲料的地方应密闭、坚固,无洞,使老鼠无食物来源,可大大减少兔场老鼠的数量。再者,利用不同方式进行灭鼠,主要采用老鼠夹、鼠笼等进行灭鼠。也可采用药物进行灭鼠,如磷化锌、敌鼠等,药物灭鼠时要特别注意防止兔群误食而引起中毒。

第三节　兔场粪污与病死兔的无害化处理

一、粪污对生态环境的污染

近年来我国兔产业进入快速发展期,逐渐成为农业经济增长、农民增收的特色产业。兔生产方式也发生了根本性改变,逐渐以规模化、集约化的养殖方式取代了传统的散养方式。规模化兔生产饲养总量大、同时产生大量粪便和污水;由于国内多数兔场对粪污的处理缺少综合利用途径,缺乏相应的粪污处理配套设施或粪污处理设施运行成本过高难以持续运行,导致粪污污染成为三大环境污染源之一,对生态环境造成巨大威胁。兔场大量产生的粪污主要造成以下几个方面的污染。

（一）空气污染

兔场粪污对空气的污染主要是排放大量恶臭、有毒有害气体等。

兔粪尿中含有大量的有机物，其中兔未消化吸收的含氮物质随粪便排出，被微生物分解产生大量的氨气和硫化氢等刺激性恶臭气体；如果不能及时处理，则会进一步发酵产生甲基硫醇、甲硫醚、二甲胺等多种低级脂肪酸类恶臭气体。此类刺激性、有毒有害气体造成空气质量严重下降，危害人畜健康。

（二）水体污染

兔场粪污中含有大量氮、磷、病原微生物、重金属等污染物。未经处理的粪污进入河流、湖泊等自然水体后，会使水体中固体悬浮物、有机物和微生物含量增加，污染地表水。且粪污中的氮、磷等被藻类及浮游微生物等利用，引起藻类和浮游微生物等大量繁殖，使水体中生物群落发生改变；粪污中有机物的生物降解和藻类、浮游微生物的繁殖会大量消耗水体中氧，使水质恶化、鱼类及其他水生生物死亡，导致水体富营养化。粪污甚至还可能渗入地下，造成更为严重的地下水污染。

（三）土壤污染

未经处理的粪污进入土壤后，粪污中的有机物被微生物分解，其中含氮、含磷有机物可被微生物分解为硝酸盐和磷酸盐等，这些降解产物大部分能被植物利用，从而使土壤得到自然净化。如果粪污排量超过土壤的消纳自净能力，将导致粪污的不完全降解和厌氧腐解，产生亚硝酸盐等有害物质；并造成土壤板结、土壤孔隙堵塞、土壤透气、透水力下降，破坏土壤结构和功能。畜禽排泄物中残留有一定量的重金属元素等物质，这些污染物进入土壤后，在土壤中富积，造成土壤污染，同时还可能被植物吸收后，通过食物链危害人类健康。

（四）生物污染

兔场粪污中含有大量致病微生物和寄生虫卵，有的是畜禽传染病、寄生虫病和人畜共患病的传染源。根据世界卫生组织和联合国粮农组织的相关资料报道，目前已有200多种人畜共患病，这些人畜共患传染病的传播载体主要是畜禽排泄物，兔场粪污对其他畜禽健康和公共健康安全也会造成巨大危害。

二、解决粪污的主要途径

我国兔养殖面广，粪污产量大，处理及利用难度高。根据我国的基本国情，粪污处理以综合利用优先，资源化、无害化、减量化为原则，发展生态农业。目前粪污的综合利用主要有以下几种途径。

（一）发展农牧结合的农业循环经济

兔粪尿中含有大量的氮、磷、钾成分，经过堆肥处理后，可作为优质高效的有机肥，通过堆肥和沼气技术可将兔粪尿变废为宝。我国是农业大国，农业生产中需要大量的肥料。据报道，我国化肥消耗量居世界第一位，大量使用化肥后会造成土壤有机质减少和板结；同时化肥的利用率较低，不能被利用的化肥对土壤、水源和大气会造成污染。将畜牧业和种植业进行有机结合，粪污经处理后为种植业提供有机肥料，形成农牧业相结合的农业循环经济模式，既可以避免环境污染，又可以充分利用资源，提高环境、生态与经济效益，是解决兔养殖粪污的重要途径。

（二）用作饲料

兔粪便中含有大量未消化吸收的蛋白质、淀粉、维生素等营养物质。通过发酵、清除杂质以及灭菌处理后，可代替部分畜禽饲料，或用于饲养蚯蚓、蝇蛆生产动物蛋白饲料。但该途径容易造成传染性疾病的流行，且对粪污的处理量极为有限，推广价值不高。

（三）提高饲料消化率，减少粪便排放量

通过科学的饲料配方设计，提高兔对饲料的消化利用率，以减少粪便中养分浓度的排放量。兔对饲料的消化吸收效率越高，则排泄物中营养成分就越低，同时粪便排放量就越少，对环境的污染也就越小。

三、病死兔的无害化处理方案

病死兔的无害化处理严格按照《病害动物和病害动物产品生物

安全处理规程》（GB16548—2006）的要求进行，通常采用以下两种方案。

（一）深埋方案

处理病死兔常用的方法是深埋。深埋地应远离居民住宅区、公共场所、饮用水源地、河流等地区，深埋前应对病死兔进行无害化处理。在深埋地坑表面铺2~4厘米厚的生石灰，掩埋后需将上层土夯实；被埋病死兔上层距地表不少于1.5米；深埋后地表用消毒药喷洒消毒，消毒液可采用0.4%的高锰酸钾液或2%的烧碱溶液等（图4-24）。

图4-24 病死兔深埋处理

（二）焚烧方案

将病死兔投入焚化炉或用直接挖坑烧毁碳化（图4-25），焚烧处理应在指定地点进行。规模化兔场一般要配备专用焚化设施。在养殖业集中区，可联合兴建焚化处理厂，由专门的运输车辆负责运送病死兔到焚化厂，集中处理。

但近年来，许多地区制定了防止大气污染的条例或法规，限制焚烧炉的使用。

图 4-25　病死兔的焚烧处理

参考文献

［1］谷子林,秦应和,任克良.中国养兔学［M］.北京：中国农业出版社，2013.

［2］谢晓红，易军，赖松家.兔标准化规模养殖图册［M］.北京：中国农业出版社，2012.

［3］杨正.现代养兔［M］.北京：中国农业出版社，1999.

［4］谷子林，薛家宾.现代养兔实用百科全书［M］.北京：中国农业出版社，2007.

［5］黄邓萍.规模化养兔新技术［M］.四川：四川科学技术出版社，2003.

［6］董永军，魏刚才.兔场卫生、消毒和防疫手册［M］.北京：化学工业出版社，2015.

［7］孙慈云.兔场防疫消毒技术图解［M］.北京：金盾出版社，2015.